AF808241

SAMMLUNG GÖSCHEN BAND 356

DAS TIERREICH

VII/2
FISCHE

von

DR. DIETRICH LÜDEMANN
Berlin

Mit 65 Abbildungen

WALTER DE GRUYTER & CO.
vormals G. J. Göschen'sche Verlagshandlung · J. Guttentag, Verlagsbuchhandlung · Georg Reimer · Karl J. Trübner · Veit & Comp.
Berlin 1955

Alle Rechte, einschl. der Rechte der Herstellung von Photokopien und
Mikrofilmen, von der Verlagshandlung vorbehalten

Archiv-Nr. 11 03 56
Satz und Druck von Buchdruckerei Oswald Schmidt KG.
Leipzig III/18/65
Printed in Germany
722/50/50

DAS TIERREICH
IN DER SAMMLUNG GÖSCHEN

ist wie folgt gegliedert:

Bd. I. Einzeller.

Bd. II. Schwämme und Hohltiere.

Bd. III. Plattwürmer, Hohlwürmer, Kamptozoen, Schnurwürmer, Ringelwürmer, Protracheaten, Bärtierchen und Zungenwürmer.

Bd. IV. 1. Gliederfüßler: Krebse.

Bd. IV. 2. Gliederfüßler: Trilobitomorphen, Fühlerlose und Tracheenatmer: Tausendfüßler.

Bd. IV. 3. Gliederfüßler: Insekten.

Bd. V. Weichtiere.

Bd. VI. Stachelhäuter, Tentakulaten, Binnenatmer und Pfeilwürmer.

Bd. VII. 1. Chordatiere: Manteltiere, Schädellose, Rundmäuler.

Bd. VII. 2. Chordatiere: Fische.

Bd. VII. 3. Chordatiere: Lurche.

Bd. VII. 4. Chordatiere: Kriechtiere.

Bd. VII. 5. Chordatiere: Vögel.

Bd. VII. 6. Chordatiere: Säugetiere.

STÄMME DES TIERREICHES

1. Urtiere *(Protozoa)*
2. Schwämme *(Spongia)*
3. Hohltiere *(Coelenterata)*
4. Plattwürmer *(Plathelmintes)*
5. Hohlwürmer *(Aschelminthes)*
6. Schnurwürmer *(Nemertini)*
7. Kamptozoen *(Kamptozoa, Entoprocta)*
8. Ringelwürmer *(Annelida)*
9. Protracheaten *(Protracheata, Onychophora)*
10. Bärtierchen *(Tardigrada)*
11. Zungenwürmer *(Linguatulida)*
12. Gliederfüßler *(Arthropoda)*
13. Weichtiere *(Mollusca)*
14. Stachelhäuter *(Echinodermata)*
15. Tentakulaten *(Tentaculata)*: Armfüßler *(Brachyopoda)* und Moostierchen *(Bryozoa)*
16. Binnenatmer *(Enteropneusta)*
17. Pfeilwürmer *(Chaetognatha)*
18. Chordatiere *(Chordata)*

INHALT

von Bd. VII/2

18. Stamm Chordatiere *(Chordata)*,
   1. Schädellose *(Acrania)*,
   2. Manteltiere *(Tunicata)*,
   3. Rundmäuler *(Cyclostomata)*,
   4. Wirbeltiere *(Vertebrata)*,
      a) Fische *(Pisces)*, b) Lurche *(Amphibia)* } Amnionlose *(Anamnia)*
      c) Kriechtiere *(Reptilia)*, d) Vögel *(Aves)*, e) Säugetiere *(Mammalia)* } Amniontiere *(Amniota)*

A. FISCHE *(Pisces)*

Die Fische sind im Wasser lebende, wechselwarme Wirbeltiere mit paarigen zu Flossen entwickelten Gliedmaßen. Stets treten außer diesen unpaare (mediane) Flossen auf. Die Atmung erfolgt durch Kiemen; das einfach gebaute Herz (eine Kammer und eine Vorkammer) führt ausschließlich venöses Blut. Haut fast immer mit Schuppen bedeckt, oft treten auch Hautzähne oder Knochenschilder auf. Amnion und Allantois sind bei dem Embryo nicht ausgebildet. Die Fische stellen die niederste Gruppe der Vertebraten dar, zugleich aber auch die größte mit rund 20000 Arten.

Für den Menschen haben die Fische als Nahrung eine große wirtschaftliche Bedeutung, ist doch die Fischerei neben der Jagd eine der ältesten Erwerbsquellen. Sie wird von jeher mit Hilfe von Angeln und Netzen durchgeführt. Wenn es auch heute keine Naturvölker gibt, die nur vom Fischfang leben, so sind doch die Völkerstämme der Polargegenden, von Feuerland, Indonesien und der Südsee sehr auf ihn angewiesen.

In Europa betrieben bereits im Mittelalter die Klöster künstliche Fischzucht und legten ausgedehnte Teichwirtschaften an. In das 12. und 13. Jahrhundert fällt die Bildung von „Fischerinnungen“, den Berufsgenossenschaften der damaligen Fischer, die alle Binnenfischer waren. Die Seefischerei trat erst spät in Erscheinung. Ab 1885 wurden die Segelfahrzeuge immer mehr von leistungsfähigeren Hochseefischdampfern verdrängt, die von jetzt ab auch weit entfernte Fangplätze aufsuchen und mehrere Wochen auf See bleiben können. Die Fanggebiete von Island, den Lofoten, von Spitzbergen, der Bäreninsel und dem Barentsmeer, um nur einige zu nennen, treten immer mehr in den Vordergrund. Der Seefischhandel blühte auf, eine eigene Fischindustrie bildete sich; Fang, Zubereitung und Handel ergeben einen großen Erwerbszweig. Das Fischfleisch gelangt frisch, geräuchert, getrocknet und als Konserven auf den Markt. So wird Störrogen zu Kaviar verarbeitet, die Schwimmblase des Hausen ergibt einen ausgezeichneten Leim, die silbernen Schuppen von Weißfischen (Uklei) werden in der Schmuckindustrie für falsche Perlen gebraucht, Chagrinleder wird hauptsächlich aus Haifischhaut hergestellt, wie überhaupt in letzter Zeit die Verwendung von Fischleder sehr aufgekommen ist, Dorsch, Heilbutt und Thunfisch liefern den bekannten Lebertran, die Fischgalle wird genau wie die Rindergalle in der Malerei und der Wäscherei verwendet und alle Fischabfälle bei der Konservenherstellung können geschrotet oder als Fischmehl in das Viehfutter gemengt werden oder erfüllen schließlich als Düngemittel in der Landwirtschaft ihren Zweck. Schon diese kleine bei weitem nicht vollständige Aufzählung läßt erkennen, welch große wirtschaftliche Bedeutung heute die Binnen-, Küsten- und Seefischerei einschließlich der mit ihr zusammenhängenden Nebenindustrie hat.

A. ALLGEMEINER TEIL

I. Die Körperformen

Die Gestalt des Fisches ist eine Funktionsgestalt, die durch das Schwimmen, als Art der Fortbewegung und durch die physikalischen Eigenschaften des Wassers als umgebendes Medium bedingt ist. Sie findet sich in ähnlicher Form bei anderen Wasserbewohnern, z.B. bei Walen und bei den fossilen Fischsauriern *(Ichthyosaurus)* wieder. Die fast allen Ordnungen zugrunde liegende charakteristische Fischgestalt, ein spindel- oder zigarrenförmiger Körper, der an beiden Enden verjüngt ausläuft, ist meist seitlich zusammengedrückt und abgeflacht. Je nach der Lebensweise der betreffenden Fische ist diese Körpergrundgestalt aber sehr verschieden ausgebildet. Die schnellen Schwimmer unter ihnen besitzen einen torpedoähnlichen Körper. Die größte Breite liegt dabei am Vorderende (Kopf). Diese Stromlinienform eignet sich besonders gut zur Überwindung des Wasserwiderstandes. Hierher gehören u.a. Forellen und Makrelen. Fische stehender Gewässer, wie z.B. die Karpfen *(Cyprinidae)*, zeigen eine sehr starke seitliche Abplattung; diese Erscheinung wiederholt sich bei allen langsamen und schlechten Schwimmern, z.B. bei den sog. „Korallenfischen", die, den verschiedensten Familien angehörend, auch in Stillwasserbezirken leben. Bei den am Grunde sich aufhaltenden oder im Meeresboden wühlenden benthonischen Fischen ist der Körper sehr stark dorsoventral abgeflacht (Rochen). Die Kaulköpfe oder Groppen *(Cottidae)* erfahren eine Abplattung des Kopfes und der vorderen Körperregion. Bei den Plattfischen (Pleuronectidae) und den *Scorpaenidae* ist der Körper stark seitlich zusammengedrückt (disciform) und liegt bei den Plattfischen mit einer Seite dem Boden auf. Eine wurmartig verlängerte Gestalt (anguilliform) zeigen die Aale und die Lungenfische *(Dipnoi)*. Seenadeln weisen einen dünnen nadelförmigen Körper auf (aculeiform), während mit globiform Kugelfische *(Tetrodon)* und Sonnenfische *(Orthagoriscus)* bezeichnet werden.

Folgende Körperabschnitte werden beim Fisch unterschieden: Kopf, Rumpf, Schwanz und Flossen (Abb. 1).

Der Kopf geht ohne Absatz in den Rumpf über und reicht vom Vorderende des Fisches bis zur Kiemenspalte.

Hier setzt der Rumpf an, der sich bis zum After erstreckt, der Rest wird vom Schwanzteil eingenommen. Die Strekken Vorderende bis Kiemenspalte werden als Kopf-

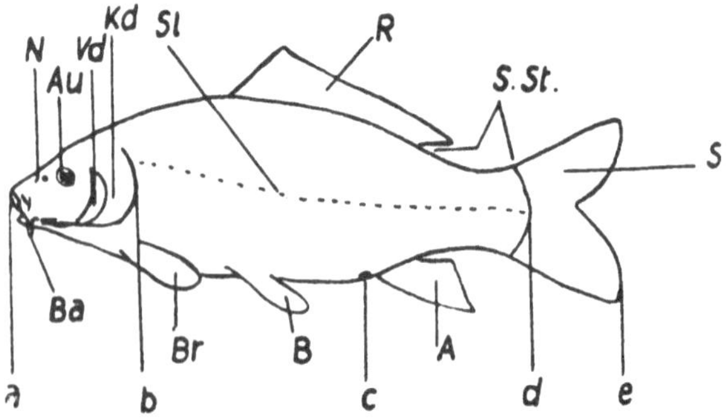

Abb. 1. Karpfen. *A* Afterflosse, *Au* Auge, *B* Bauchflosse, *Ba* Bartel, *Br* Brustflosse, *Kd* Kiemendeckel, *N* Nasenlöcher, *R* Rückenflosse, *S* Schwanzflosse, *Sl* Seitenlinie, *SSt* Schwanzstiel, *Vd* Vordeckel, *a—b* Kopflänge, *b—c* (After) Rumpf, *a—d* Körperlänge, *a—e* Totallänge. (Nach Schiemenz aus Brohmer.)

länge bezeichnet, Vorderende bis zur Schwanzflossenwurzel als Körperlänge und Vorderende bis Hinterende als Totallänge. Die kurze Strecke Vorderende

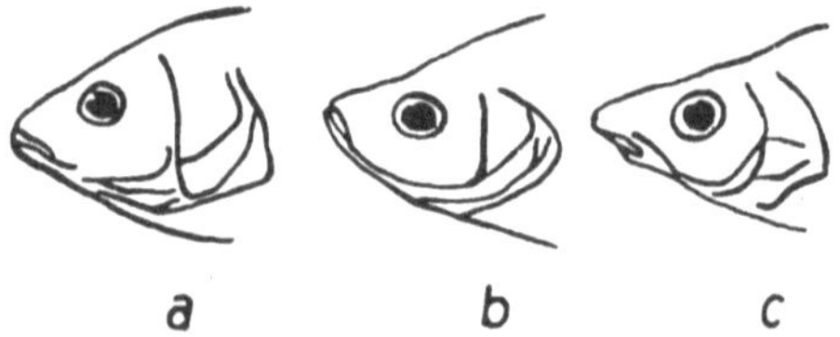

Abb. 2. Mundspalte. *a* endständig, *b* oberständig, *c* unterständig. (Nach Schiemenz aus Brohmer.)

bis vorderer Augenrand ist die Schnauzenlänge. Auf der Schnauze befinden sich die fast immer paarigen Nasenlöcher, deren Abstand voneinander oft sehr wechselt. Barteln können am Zwischenkiefer und am Unterkiefer auftreten. Der Augenzwischenraum (Interorbitalraum) ist die Strecke zwischen den beiden Augen; hinter und unter ihnen liegen die Wangen. Der Kiemendeckel wird in einen Vordeckel und den eigentlichen Kiemendeckel eingeteilt (Abb. 1). Die Mundöffnung (Mundspalte) wird je nach ihrer Lage als oberständig, unterständig oder endständig bezeichnet (Abb. 2). Rükken- und Bauchkante am Rumpf haben für die Systematik eine gewisse Bedeutung; da man die Körperhöhe des Fisches in der größten dorsoventralen Ausdehnung mißt. Der Schwanz gliedert sich in den Schwanzstiel und in die Schwanzflosse (Abb. 1).

II. Die Flossen

Die Flossen, dünne Hautsäume, die durch einfache harte „Stacheln oder Hartstrahlen" oder durch gegliederte und weiche „Glieder- und Weichstrahlen" ausgespannt und gestützt werden, treten als unpaare oder als paarige Flossen auf. Rücken-, Schwanz- und Afterflosse gehören zu den unpaaren oder auch vertikalen Flossen. In der Systematik werden sie mit ihren großen Anfangsbuchstaben bezeichnet, also R (bei geteilter Rückenflosse R_1 und R_2), S und A. Brust- und Bauchflossen (Br und B) bilden die paarigen oder horizontalen Flossen. Bei den Lachsen *(Salmonidae)* fehlt R_2, dafür tritt eine sog. Fettflosse (ohne jeden Flossenstrahl) auf. Alle Flossen sind für die Systematik durch ihr Auftreten oder Fehlen, ihre Gestalt und Färbung, besonders auch durch ihre Strahlen von größter Wichtigkeit. Die Brustflossen (Br) liegen stets seitlich am Körper hinter den Kiemendeckeln. Die Bauchflossen (B) dagegen liegen oft an verschiedenen Stellen der Bauchseite, z. B. dicht vor dem After (bauchständig) bei den Dipnoern und Crossopterygiern, den Elasmobranchiern, den Stören und den Physostomen (Knochenfische mit offenem Schwimmblasengang) (Abb. 3). Werden die Bauchflossen aber bei vielen Unterordnungen der Knochenfische weit nach vorn bis unter die Brustflossen verlagert, so sind sie brustständig. Kehlständig werden sie, wenn sie vor den Brustflossen oder unter der Kehle des Fisches sitzen (wie bei Trigla und Zoarces). Beim Aal und bei den Seenadeln z. B. fehlen die B ganz.

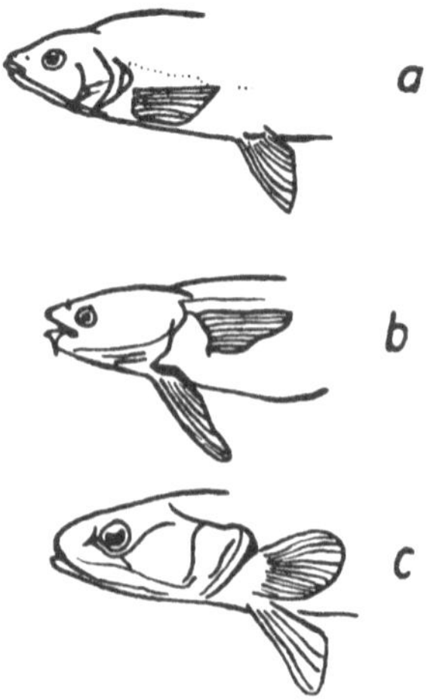

Abb. 3. Lage der Bauchflossen. *a* bauchständig, *b* kehlständig, *c* brustständig. (Nach Schiemenz aus Brohmer.)

Die Rückenflosse (R) ist meist nicht einheitlich gebaut, sondern läßt bei vielen Knochenfischen 2, bei den Schellfischen *(Gadidae)* sogar 3 voneinander unterschiedliche Abschnitte erkennen. Sie kann ferner hartstrahlig (acanthopterygisch) oder weichstrahlig (malacopterygisch) sein. Nur selten fehlt sie ganz (Zitteraal). Bei dem Flösselhecht *(Polypterus)* ist die R in viele kleine R aufgeteilt.

Die Stacheln bilden bei der R immer den vorderen Teil der Flosse (R_1). Die Weichstrahlen setzen R_2 zusammen. Da die Zahl der Flossenstrahlen mit kleinen Schwankungen artkonstant ist, wird sie in der Systematik zur Charakterisierung der Arten in der sog. „Flossenformel" gebraucht. Sind beide Strahlentypen in einer Flosse vorhanden, so setzt man zwischen beide einen schrägen Strich.

Beispiel: Flußbarsch *(Perca fluviatilis)*:
R_1 13–16, R_2 1/13–15, A 2/7–10,

wobei R_1 nur 13–16 Hartstrahlen aufweist, R_2 dagegen nur 1 Hart- und 13–15 Weichstrahlen hat, A 2 harte und 7–10 weiche Strahlen.

Die Afterflosse (A) ist ähnlich wie die R gebaut und kann in ihrer Ausbildung sehr wechseln.

Die Schwanzflosse (S) umgibt das Hinterende von Chorda und Rückenmark, wobei die diphycerke S mit gleichmäßiger Ausbildung vom ventralen und dorsalen Teil die ursprüngliche ist. Bei den Haien ist der ventrale Teil stärker ausgebildet, die Wirbelsäule wird dorsal abgebogen. Es entsteht die heterocerke S (Abb. 29), die auch bei den Knochenfischen bestehenbleibt, aber durch eine äußerlich symmetrisch gebaute S verdeckt wird.

III. Die Haut und ihre Färbung

Die Haut ist entweder nackt wie bei vielen Aalen und den Fischen mit elektrischen Organen oder trägt die verschiedensten Verknöcherungen (Schuppen, Hautzähne, Stacheln). Sie besteht aus einer dünnen nicht verhornten Epidermis, die sehr reich an Schleimzellen ist und aus einer kräftigen aus mehreren Faserlagen Bindegewebe bestehenden Cutis. Außer den zahlreichen dicht an der Oberfläche stehenden Schleimzellen treten bei einigen Knochenfischen *(Scorpaena, Trachinus)* am Kiemendeckel und an der Rückenflosse Giftdrüsen auf, die mit Hartstrahlen, sog. Wehrstacheln in Verbindung stehen. Auch bei den großen Rochenarten *(Dasyatis, Myliobatis)* finden sich Giftdrüsen am Schwanzstachel. Auch der Laich- oder Perlausschlag der Cypriniden zur Laichzeit, kleine weißliche hornige Kegel, werden von der Epidermis gebildet. Schließlich haben die bei vielen Tiefseefischen vorkommenden Leuchtorgane in Hautdrüsen der Epidermis ihren Ursprung. Die Fähigkeit Licht auszustrahlen (Biolumineseenz) tritt bei Meeresbewohnern, aber nie bei Süßwasserfischen auf und dient zur Erkennung von Artgenossen und Geschlechtspartnern, zum Anlocken von Beute, als Abschreck- und Warnmittel gegenüber Feinden, auch zum Erleuchten des eigenen Gesichtsfeldes bei Tiefseefischen.

Das Licht wird entweder von zerstreuten Drüsenzellen oder von den kompliziert gebauten und mit Nerven versehenen Leuchtorganen ausgesandt, die dazu noch Blenden, Sammel- oder Streulinsen und Reflektoren enthalten können.

Es muß zwischen dem primären Leuchten, wobei das Tier den Leuchtstoff selbst erzeugt und dem sekundären oder symbiontischen Leuchten unterschieden werden. Beim zweiten Fall wird die Leuchterscheinung durch Bakterien oder andere Mikroorganismen hervorgerufen, die in den Leuchtdrüsen der Fische leben; so z. B. Leuchtbakterien in den großen und hellen unter den Augen liegenden Leuchtorganen bei den ostindischen Fischen *Anomalops* und *Photoblepharon*. Verstärkt wird das Licht in diesem Fall durch einen halbkugelförmigen Reflektor.

Die Verteilung der Leuchtorgane am Körper und ihre Ausgestaltung ist besonders bei den Tiefseefischen äußerst mannigfaltig.

Die Färbung der Fische ist von den Farbzellen (Chromatophoren) abhängig, die zum größten Teil in der Cutis und kaum in der Epidermis liegen und durch deren Pigmentverschiebungen der Farbwechsel hervorgerufen wird. Es werden unterschieden: große, sehr verzweigte, mit schwarzbraunem Pigment angefüllte Melanophoren; rot, orange oder gelbe Lipophoren (ihre Farbstoffe, die Carotinoide, sind in Fett gelöst) und die durch Guaninkristalle silberglänzenden Guanophoren. Auch Vereinigungen verschiedener Chromatophoren kommen vor (bei Barscharten). Goldfische, die auch bei Karauschen, Karpfen, Orfen, Aal usw. auftreten können, stellen keine neuen Arten dar, sondern Fische, bei denen die Melanophoren fehlen und durch Lipophoren ersetzt sind. Guanophoren lassen aber auch innere Gewebe silberglänzend erscheinen, sie treten im Bauchfell auf, in der Wand der Schwimmblase und in der Argentea des Auges. Nehmen viele nektonische Fische durch die silberglänzenden Seiten des Körpers den Helligkeitston der Umgebung an, so fehlt vielen Bodenfischen (z. B. Wels, Quappe, Schlammpeitzger) und den Tiefseebewohnern dieser Glanz völlig. Einförmige dunkle Farben herrschen hier vor. Bei blinden Höhlenfischen fehlt das Pigment ganz. Dagegen finden sich die buntesten Farben bei Bewohnern der warmen Binnengewässer und Meere. Durch das stark ausgebildete

Farbwechselvermögen ist der Fisch imstande durch Änderung der Farbe als auch der Helligkeit sich ziemlich schnell seiner Umgebung anzupassen. Dies trifft besonders für die Rochen und die Plattfische zu, die nicht nur die Färbung des Bodens, sondern auch dessen Struktur (sandig, kiesig) durch eine entsprechende Fleckung ihrer Oberfläche nachahmen. Blinde Fische zeigen eine dunkle Färbung, desgleichen auch Hungertiere (Forellen in nahrungsarmen Bächen). Aber auch ökologische Faktoren (höhere Wassertemperatur, Sauerstoffmangel usw.), sowie psychische können einen Farbwechsel hervorrufen.

IV. Die Schuppen

Der Körper der Fische ist in der Regel mit einem Hautskelett, dem für sie typischen Schuppenkleid, bedeckt. Die Schuppen selbst sind kleine runde oder ovale Hautknochen, die jede für sich in der sog. Schuppentasche, einer Höhlung der Cutis, liegen und meist von der Epidermis überzogen werden. Form und Struktur sind bei den einzelnen Arten verschieden und geben wichtige systematische Merkmale (Schuppenformel). Es werden Placoid-, Ganoid-, Cycloid- und Ctenoidschuppen unterschieden (Abb. 4). Als Placoidschuppen werden die ver-

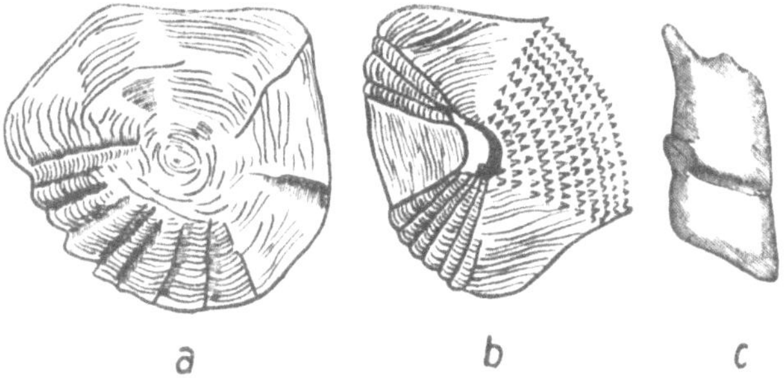

Abb. 4. Schuppen. *a* Cycloidschuppe (von *Scopelus*) vergr., *b* Ctenoidschuppe (von *Lethrinus*) vergr., *c* Ganoidschuppen. (Nach Günther.)

knöcherten Hautpapillen (Hautzähne) bei Haien und Balistiden bezeichnet, die der Haut die Ähnlichkeit mit einem kleinkörnigen Chagrinleder geben (Abb. 5). Auf einer knöchernen rhombenförmigen Basalplatte sitzt ein zahnförmiger Vorsprung (Hautzahn), der einfach oder mit seitlichen Fortsätzen versehen, seine Spitze schräg nach hinten richtet. Der Zahn besteht hauptsächlich aus Dentin und wird von einem von der Epidermis gebildeten Schmelzoberhäutchen überzogen. Die Placoidschuppen haben ihren Ursprung in den Papillen, Bindegewebswucherungen, die bis in die Epidermis vorstoßen. Nachdem zuerst eine dünne Dentinschicht abgesondert worden ist, verwachsen schließlich die immer dicker werdenden Dentinlagen mit der knöchernen Basalplatte. Die Placoidschuppen stehen in Längs- oder Diagonalreihen.

Abb. 5. Placoidschuppen eines Haies. — (Abb. nach Rauther, Fische, Sammlung Göschen, 2. Aufl., S. 11.)

Ganoidschuppen treten bei den Quastenflossern *(Crossopterygii)* und bei *Lepisosteus (Rhombogaonoidea)* auf. Es sind knöcherne meist rhombische Schuppen, die mit Ganoin überzogen sind und ihnen dadurch einen starken Oberflächenglanz geben. Das Ganoin entspricht der äußersten Dentinlage (dem Vitrodentin) der Placoidschuppen und ist wie dieses frei von allen Knocheneinlagerungen. Bei den Stören *(Chondroganoidea)* ist die Haut nackt oder mit 5 Längsreihen großer Knochenplatten bedeckt. Diese mächtigen Knochenschilder sind ähnlich wie beim Stichling *(Gasterosteus aculeatus)* als eine Spezialisation und nicht als ein primitives Merkmal zu deuten.

Lurchfische *(Dipnoi)* und *Amia (Cycloganoidea)* tragen Cycloidschuppen wie die Knochenfische *(Teleostei)*. Cycloid- und Ctenoidschuppen kommen hauptsächlich bei den Teleosteern vor, sie sind mehr oder weniger elastisch und biegsam und stehen dachziegelartig in Längs- oder Querreihen, wobei meist 1–2 Querreihen auf einen Muskelabschnitt *(Myomer)* des Seitenrumpfmuskels kommen. Der aus den Schuppentaschen hervorragende freie Rand ist entweder glatt und zahnlos (Cycloid- oder Rundschuppe) oder gezähnt (Ctenoid- oder Kammschuppe). Die für die Systematik wichtigen Schuppenformeln werden durch Zählung der Längs- und Querreihen gewonnen. Man zählt die durchbohrten Schuppen der Seitenlinie und erhält die Anzahl der Querreihen. Die Zahl der Längsreihen ergibt sich beim Zählen von der Seitenlinie aus nach oben und unten bis zum Ansatz der Rükken- bzw. der Bauchflosse (Abb. 6). Die gefundenen Werte ergeben die Schuppenformel (Sch.), z. B. Barsch *(Perca fluviatilis)*: Sch 80–98 $\frac{8-10}{17-20}$.

Abb. 6. Schema zur Feststellung der Schuppenformel. — (Nach Schiemenz aus Brohmer.)

Der Barsch hat demnach 80–98 Querreihen (gezählt an der Schuppenzahl der Seitenlinie) und 8–10 Längsreihen über und 17–20 unter der Seitenlinie. Schon bei oberflächlicher Betrachtung fallen bei Rund- und Kammschuppen eine Anzahl konzentrischer, dem Rande parallel verlaufender Linien auf, die „Zuwachsstreifen", an denen sich das Alter der Fische feststellen läßt.

Bei dem Seeteufel *(Lophius)* und bei *Antennarius (Pediculati)* trägt die Haut große Stacheln oder Höcker (Abb. 7). Durch Verwachsung von

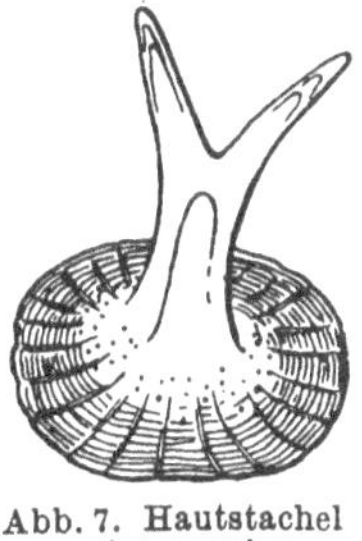

Abb. 7. Hautstachel von *Antennarius*. — (Nach Rauther, Fische, Sammlung Göschen, 2. Aufl., S. 10.)

Schuppen bilden sich große Knochenplatten, die als feste Panzer bei Panzerwelsen, Kofferfischen, Seenadeln und Knurrhähnen auftreten.

V. DAS SKELETT

Da das Körpergewicht der Fische vom Wasser getragen wird, dient das Skelett hauptsächlich zum Stützen der Gesamtmuskulatur und bietet den einzelnen Muskeln gute Ansatzstellen. Es umschließt ferner schützend das Gehirn und andere zarte Sinnesorgane.

Bei den Elasmobranchiern ist das Skelett rein knorpelig ausgebildet, bei allen übrigen überwiegend knöchern. Wir unterscheiden bei den Knochenbildungen zwischen Ersatzknochen und Deckknochen. Die ersten entstehen als knorpelig vorgebildete Knochen, die anderen als bindegewebige Knochen (Hautknochen), wobei diese als Verknöcherungen der Cutis nachträglich nach innen gelangen und die knorpeligen Teile immer mehr verdrängen. Die Ausbildung des Skelettes bei den Knochenfischen läßt Rückschlüsse auf ihre Lebensweise zu. So haben alle schnellen und gewandten Schwimmer ein kräftiges Skelett, bei langsam sich bewegenden Bodenfischen ist es dünn und wird bei Tiefseefischen äußerst zart.

1. Die Wirbelsäule

Bei Stören, Dipnoern und Holocephalen bleibt die als dorsale Abschnürung des Urdarmes entstandene Rükkensaite (Chorda dorsalis) ganz erhalten und wird von einer dicken Scheide, die aus einer äußeren dünnen (Elastica externa) und einer inneren Schicht besteht, umgeben. Eine skeletogene Schicht hüllt die Chorda vollkommen ein und entsendet dorsale und ventrale Fortsetzungen zum Zentralnervensystem, zur Leibeshöhle und zur Schwanzregion. Aus dieser Schicht entsteht das Knorpelskelett, bzw. ist es die Grundlage für das sich später entwickelnde Knochenskelett.

Entsprechend der Metamerie des Fischkörpers ziehen dorsal der Chorda zwei Reihen knorpelige oder knöcherne Ringe entlang, die „oberen — oder Neuralbögen" und schließen das Rückenmark zwischen sich ein (Abb. 8). Die dazwischen liegenden Teile werden als Ligamenta intervertebralia bezeichnet. Unterhalb der Chorda finden sich ähnliche Bögen, die „unteren — oder Hämalbögen". Bei Haien und Rochen treten knorpelige Wirbelkörper auf, die aus den oberen und unteren Bögen und ringförmigen skeletogenem Gewebe bestehen und die die Chorda immer mehr einengen. Sie sind bikonkav (amphicöl) und nehmen in ihren konischen Einsenkungen einen Chordaabschnitt auf. *Lepisosteus* hat als Ausnahme konvexkonkave (opisthocöle) Wirbel. Bei den Knochenfischen und den Knochenganoiden verknöchern die Wirbelkörper ganz. Ein vollständiger Wirbel setzt sich aus dem Wirbelkörper, den dorsalen Bögen (Neurapophysen) — bei den Plagiostomen finden sich hier den Zwischenraum ausfüllende Schaltstücke (Intercalaria) — und den unteren Bögen zusammen. Dieser kann einen geschlossenen Bogen (Hämapophysen) bilden oder als frei abstehender Basalstumpf auftreten. Unpaare Dornfortsätze können am Neural- als auch am Hämalbogen ansetzen (Abb. 9), ferner sind Gelenk- und Muskelfortsätze am Wirbelkörper und am oberen Bogen (Pleurapophysen, Processus transversi,

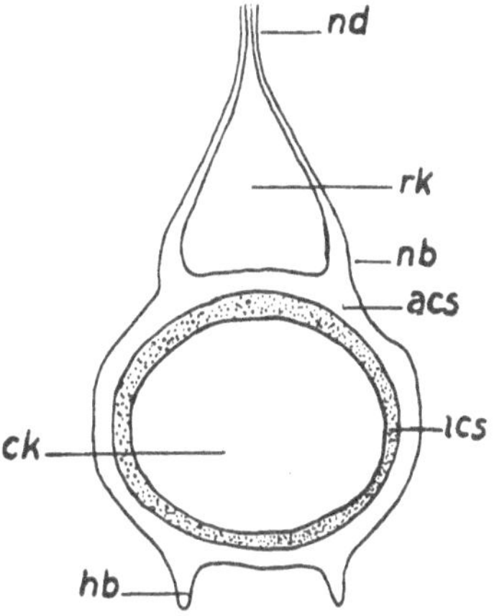

Abb. 8. Wirbelquerschnitt vom Hering. Verhältnis 15 : 1, *acs* äußere Chordascheide, *ck* Chordakanal, *hb* Hämalbogen, *ics* innere Chordascheide, *nb* Neuralbogen, *nd* neurale Dornfortsätze, *rk* Rückenmarkkanal. (Nach Kyle und Ehrenbaum.)

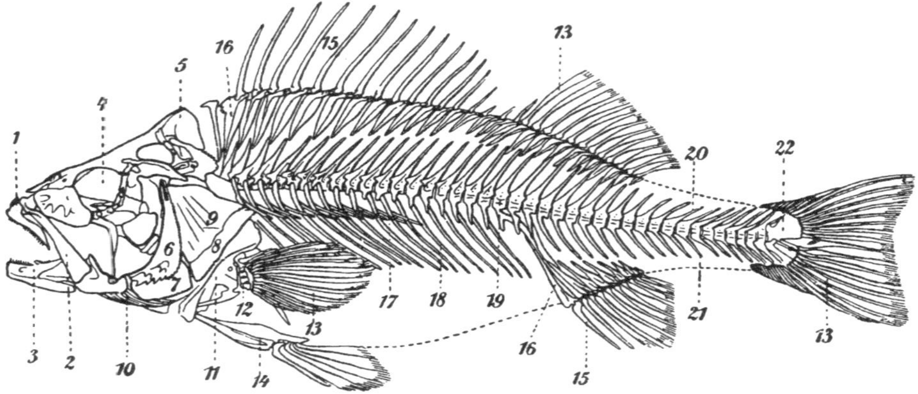

Abb. 9. Skelett des Flußbarsches.

1 Zwischenkiefer, *2* Oberkiefer, *3* zahntragender Knochen des Unterkiefers, *4* Augenhöhle, *5* Kamm des oberen Hinterhauptbeins, *6* Vordeckel, *7* Zwischendeckel, *8* Unterdeckel, *9* Kiemendeckel, *10* Kiemenhautstrahlen, *11* Knochen des Schultergürtels *(Coracoideum)*, *12* Radien der Brustflosse, *13* gegliederte Flossenstrahlen (Weichstrahlen), *14* Beckenknochen, daran die Strahlen der Bauchflosse, *15* Flossenstacheln, *16* Hauptstück der Flossenstrahlträger, *17* Fleischgräten, *18* Rippen, *19* Wirbelkörper, *20* obere, *21* untere Dornfortsätze, *22* Hypurale. — (Nach Rauther: Sammlung Göschen, Fische, 2. Aufl., S. 18.)

Proc. articulares). An die Hämapophysen grenzen außerdem die unteren Rippen (Pleuralbögen), die längs der Leibeshöhle unter den Seitenrumpfmuskeln entlang ziehen (Abb. 9). Die oberen Rippen dagegen liegen flach waagerecht zwischen den dorsalen und ventralen Seitenrumpfmuskeln. So zeigen die Haie obere Rippen in der Rumpfmuskulatur, Hering, Lachs und *Polypterus* besitzen obere und untere Rippen, alle übrigen Fische dagegen nur untere, die sich in der Schwanzregion zu Hämalbögen schließen. Bei vielen Knochenfischen wird dies durch den Zusammenschluß der Basalstümpfe erreicht. In den intermuskulären Scheidewänden der Rumpfmuskulatur sitzen schließlich noch die y-förmigen Fleischgräten. Ein aufwärts gebogenes stabförmiges Knochenstück, das Urostyl, stellt das Ende der Wirbelsäule dar. Eine darunter liegende Knochenplatte, das Hypurale, entstanden aus den verschmolzenen Hämaldornen der letzten Wirbel, ist Ausgangspunkt der Schwanzflossenstrahlen.

2. Der Schädel

Das Kopfskelett setzt sich aus dem Neuralschädel (Neurocranium), das Gehirn und Sinnesorgane umschließt, und dem Visceralschädel (Visceralcranium) das den Kopfdarm umgibt, zusammen und ist mit der Wirbelsäule fest verbunden (Ausnahmen: Rochen, Sägehai und Meerkatze). Das Neurocranium läßt sich in vier Abschnitte gliedern:

1. Nasenregion (Regio nasalis oder R. ethmoidalis),
2. Augenregion (Regio orbitalis oder R. sphenoidalis),
3. Ohrregion (Regio otica) und
4. Hinterhauptsregion (Regio occipitalis).

Entsprechend dieser Einteilung werden die Schädelknochen den einzelnen vier Regionen zugeordnet.

1. In der Nasenregion liegt das Siebbein (Ethmoideum), seitlich von ihm das paarig angelegte Präfrontale oder Ethmoideum laterale (Abb. 10).

2. In der Orbitalregion finden sich die Keilbeine (Sphenoidalia), darunter das Basi- oder Praesphenoid, seitlich das Alisphenoid und vor diesem das Orbitosphenoid.
3. Die Ohrregion leitet mit den Otica (Prooticum, Opisthoticum, Epioticum oder Exoccipitale) zur
4. Hinterhauptsregion über, deren Knochen um das Hinterhauptloch (Foramen occipitale magnum) liegen. Seitlich des Foramen treten die beiden Occipitalia lateralia auf, dorsal das Supraoccipitale und unten das Basioccipitale.

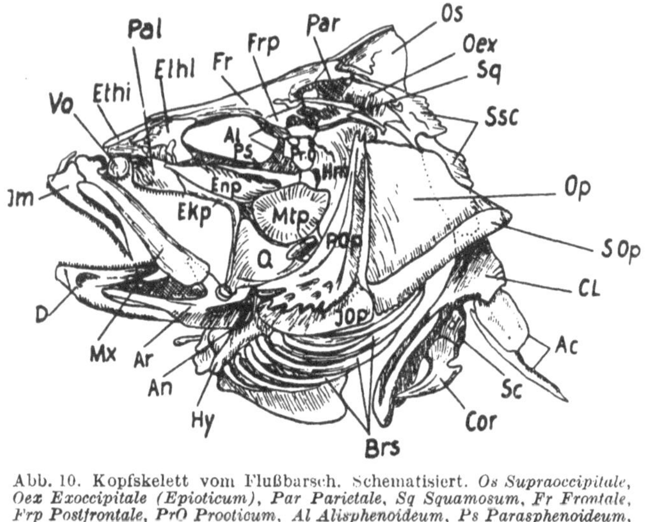

Abb. 10. Kopfskelett vom Flußbarsch. Schematisiert. *Os Supraoccipitale*, *Oex Exoccipitale (Epioticum)*, *Par Parietale*, *Sq Squamosum*, *Fr Frontale*, *Frp Postfrontale*, *PrO Prooticum*, *Al Alisphenoideum*, *Ps Parasphenoideum*, *Ethi Ethmoideum medium*, *Ethl Ethmoideum laterale (Präfrontale)*, *Hm Hyomandibulare*, *S Symplecticum*, *Q Quadratum*, *Mtp Metapterygoideum*, *Enp Entopterygoideum*, *Ekp Ectopterygoideum*, *Pal Palatinum*, *Vo Vomer*, *Im Intermaxillare*, *Mx Maxillare*, *D Dentale*, *Ar Articulare*, *An Angulare*, *Op Operculum*, *POp Praeoperculum*, *SOp Suboperculum*, *IOp Interoperculum*, *Hy Hyoidbogen*, *Brs Radii branchiostegi*, *Cl Claviculare (Cleithrum* Gegenbaur), *Sc Scapulare*, *Cor Coracoideum*, *Ssc Supraclavicularia*, *Ac* akzessorische Stücke. (Nach Claus-Grobben-Kühn.)

Alle bis hierher erwähnten Knochen sind Ersatzknochen. Es gehören ferner zum Neuralschädel folgende Deckknochen: dorsal die paarigen Stirnbeine (Frontalia), das Postfrontale, das Squamosum und das Scheitelbein (Parietale); außerdem in der Nasenregion das Nasale und an der Unterseite Parasphenoid und der unpaare Vomer (Abb. 10).

Das unter dem Neurocranium gelegene Visceralcranium besteht aus einer Anzahl von metameren Skelettbögen (Visceralbögen). Sie umgeben den vordersten Darmabschnitt (Mundhöhle und Kiemendarm).

Es sind dies:

1. der primäre Kieferbogen (Mandibularbogen),
2. der Zungenbeinbogen (Hyoidbogen),
3. meist 5 Kiemenbögen (Branchialbögen).

Alle Bogenpaare sind durch unpaare Stützknorpel (Copulae) ventral verbunden, mit Ausnahme der Mandibularbögen, die ventral unmittelbar aneinander stoßen.

Der einheitliche Knorpelschädel (Primordialcranium) der Selachier weist in der Occipitalregion ein weites Hinterhauptsloch auf, durch das Gehirn und Rückenmark in Verbindung stehen. Das Vorderende wird aus 3 Knorpelstücken gebildet oder aber ist zu einem spitzen Fortsatz (Rostrum) ausgezogen. Dahinter befinden sich die Hauptsinnesorgane, das Riechorgan in der Ethmoidalregion, die Augenhöhle mit dem Auge in der Orbitalregion und die Gehörkapsel mit dem Labyrinth in der Oticalregion. Von den bereits erwähnten Knorpelhöhlen des Visceralcraniums trägt nur der Mandibularbogen die Mundzähne. Er ist gegliedert und setzt sich aus einem dorsalen Bogenstück (Palatoquadratum) und einem ventralen, dem Unterkiefer (Mandibulare) zusammen. Auch der Zungenbeinbogen (Hyoidbogen) besteht aus zwei Teilen, dem dorsalen Kieferstiel (Hyomandibulare), der den Kiefergaumenapparat am Schädel befestigt und dem ventralen Zungenbein (Hyale). Darauf folgen meist 5 gegliederte Kiemen- oder Visceralbögen, zwischen denen die Kiemendarm- oder

Visceralspalten liegen. Die erste wird als Spritzloch (Spiraculum) bezeichnet; sie ist klein und liegt zwischen Mandibular- und Hyalbogen. Kleine Knorpelstücke (Lippenknorpel) dienen zur Festigung des Mundrandes (Abb. 11).

Der Schädelbau der Störe weicht vom Selachiertyp ab, denn bei ihnen tritt im Visceralcranium ein platter Kno-

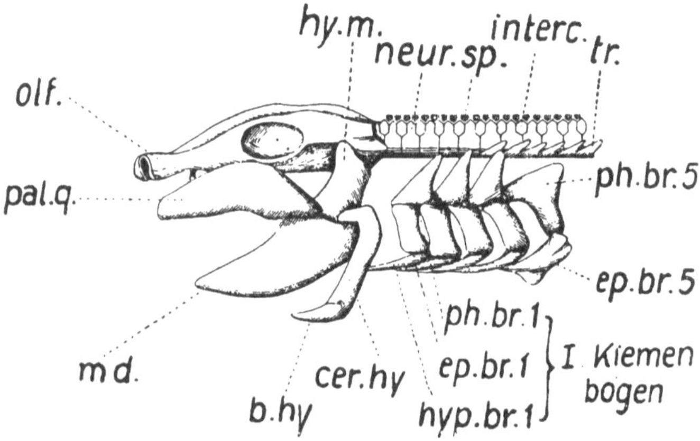

Abb. 11. Schädel, Kiemenskelett und Anfang der Wirbelsäule von einem Hai. — *b.hy.* *Basihyale;* *cer.hy.* *Ceratohyale;* *ep.br.* *Epibranchiale;* *hy.m.* *Hyomandibulare;* *hyp.br.* *Hypobranchiale;* *interc.* *Intercalare;* *m. d.* *Mandibula* (Meckelscher Knorpel); *neur.* Neuralbögen; *olf.* Nasenkapsel; *pal.q.* *Palatoquadratum;* *ph.br.* *Pharyngobranchiale;* *sp.* Neuraldornen; *tr.* Querfortsätze. (Nach Rauther: Fische, Sammlung Göschen, S. 16.)

chen, das Parasphenoid, auf. Außerdem ist die Schädeloberfläche durch eine Anzahl von Platten und Schildern bedeckt, die z. T. schon die charakteristische Anordnung in Parietalia und Frontalia der Knochenfische erkennen lassen und als Deckknochen ein sekundäres Schädeldach über dem Neurocranium bilden.

Bei den Knochenfischen *(Teleostei)* wird der Knorpelschädel immer mehr reduziert, wenn auch einige knorpelige Abschnitte zurückbleiben (Lachs, Hecht). Die Knorpelreste der Ethmoidalia bleiben dabei am längsten erhalten (Karpfen, Wels). Als Ausnahme können auch Schädel und Wirbelsäule überwiegend knorpelig bleiben wie bei dem Tiefseefisch *Argyropelecus.*

Die Verbindung des Schädels mit der Wirbelsäule stellt das Basioccipitale her, das durch eine konische Vertiefung einem Wirbelkörper sehr ähnlich ist. Zugleich begrenzt es ventral das Hinterhauptsloch (Foramen magnum). Seitlich davon liegen die paarigen Occipitalia lateralia, die dorsal durch das mit einer Crista versehene Supraoccipitale abgedeckt werden. Zwischen beiden befindet sich das Epioticum (Exoccipitale), davor Opisthoticum und Prooticum. Seitlich sitzt das Pteroticum (Squamosum), das an das Hyomandibulare grenzt. An der Schädelunterseite tritt das lange Parasphenoid auf, während das Basisphenoid an der Schädelbasis nicht immer vorhanden ist. Die beiden paarigen Orbito- und Alisphenoide bilden die Seitenwände vom Schädel und treten mit dem Parasphenoid in Verbindung.

Das Auge selbst wird häufig von einem Ring kleiner Deckknochen, dem „Orbitalring" umgeben.

Große Knochenplatten bilden das Schädeldach. An das Supraoccipitale grenzen nach vorn die beiden Parietalia, an diese schließen sich die Frontalia an, die seitlich durch das Postfrontale (Sphenoticum) bis zum Squamosum reichen.

In der Nasenregion wird ein unpaarer Knorpel oder Knochen (Ethmoideum medium) ventralwärts von dem ebenfalls unpaaren großen Vomer bedeckt. Zwei seitlich gelegene paarige Knochen, die Ethmoidea lateralia (Praefrontalia) dienen als Stütze der Nasengruben. Die Ossa infraorbitalia und O. supratemporalia übernehmen als Hautknochen den Schutz der Seitenorgane am Kopf.

Wichtige Umformungen erfährt das Visceralskelett durch das Auftreten von Deckknochen bei den Knochenfischen. So besteht der Kieferstiel jetzt aus zwei Stücken (Hyomandibulare und Symplecticum) und auch das knorpelige Palatoquadratum weist eine größere Anzahl von Knochen auf. Es beginnt mit dem Quadratum (trägt das

Unterkiefergelenk), an das sich vorn die Flügelbeine (Pterygoidea) mit Meta-, Ecto- und Entopterygoideum ansetzen. Das Gaumenbein (Palatinum) und der Oberkieferapparat folgen. Er setzt sich aus dem meist zahnlosen Oberkiefer (Maxillare) und dem beweglichen zahntragenden Zwischenkiefer (Prae- oder Intermaxillare) zusammen. Die Unterkiefer, aus dem vorderen Dentale und dem hinteren Articulare gebildet, sind meist in der Mittellinie nicht verwachsen. Zwei weitere Knochen, das Angulare und das Operculare (Spleniale) treten oft zum Unterkiefer noch hinzu.

An das Hyomandibulare schließt sich hinten der Kiemendeckel an, der aus 4 Deckknochen besteht (Praeoperculum, Operculum, Sub- und Interoperculum).

Auf den Kieferbogen folgt der Zungenbeinbogen, dessen Knochenstücke sich ventral an das unpaare Basihyale anlegen. Dieses hat die Aufgabe, die in der Mundhöhle befindliche Zunge zu stützen. Der äußere Rand des Zungenbeinbogens trägt eine Anzahl rückwärts gerichteter Knochenstäbe (Radii branchiostegi) als Stütze der Kiemenhaut. Die nächsten 4 Bögen dienen als Kiementräger und haben kleine Stäbchen zum Stützen der Kiemenblättchen.

Zu verbreiterten zahntragenden Platten sind die obersten an der Schädelbasis gelegenen Knochen der Kiemenbögen geworden und werden als obere Schlundknochen (Pharyngealia superiora) bezeichnet. Die unteren Schlundknochen (Pharyngealia inferiora) bestehen nur aus je einem kurzen ungegliederten Knochen des auf den ventralen Abschnitt reduzierten fünften Kiemenbogens. Auch sie sind auf der Innenseite oftmals bezahnt.

3. Das Gliedmaßenskelett

Hierher gehören die Flossen als sog. „freie Gliedmaßen" und als Verbindung zum Rumpf der Schulter- bzw. Bekkengürtel.

Der Schultergürtel, den eine einfache Spange darstellen kann (Abb. 9), besteht meist aus 3 Knochenstücken, dem dorsal gelegenen Schulterblatt (Scapula) und den 2 ventralen Rabenbeinen (Coracoideum und Procoracoideum) mit dem aus einem Hautknochen hervorgegangenen Schlüsselbein (Clavicula).

Bei den Haien ist der Schultergürtel ein paarig angelegter Knorpelbogen, der auch bei den Stören auftritt, aber durch Auflagerung von Hautknochen (Clavicula und Cleithrum) schon zu den Knochenfischen hinweist. Verknöcherungen im Knorpel selbst liefern das Schulterblatt und die beiden Rabenbeine. Durch die an das Claviculare (Cleithrum Gegenbaur) dorsal angrenzenden Supraclavicularia ist der Schultergürtel mit dem Schädel verbunden.

Der Beckengürtel hat keinerlei Verbindung mit dem Achsenskelett und besteht bei den Selachiern meist aus einem Knorpelbogen. Aber auch dieser geht bei allen anderen Fischen (mit Ausnahme der Crossopterygier und Dipnoer) verloren. An seine Stelle treten dafür 2 stabförmige oder dreieckige Basalstücke, die aus Radien der Flosse hervorgegangen sind.

Die am Gürtelgelenk bewegliche Fischflosse (Ichthyopterygium) weist bei den Selachiern 3 Knorpelstücke (Basalia) auf, die als Pro-, Meso- und Metapterygium unterschieden werden. An diese setzen eine große Anzahl von dünnen gegliederten Flossenstrahlen (Radialia) an. Der Flossensaum wird außerdem durch aus der Epidermis hervorgegangene dünne Hornfäden bei Selachiern und Dipnoern gestützt. Bei allen übrigen Fischen zeigt das primäre Flossenskelett eine starke Reduktion. Dafür wird das sekundäre Hautskelett durch Knochenstrahlen im Flossensaum mehr ausgebildet. Der Flossenbau der Crossopterygier ist dem der Selachier am ähnlichsten, nur sind Pro- und Metapterygium bereits verknöchert. Bei den Dipnoern findet sich ein starker axialer Knorpelstab, der an einem knorpeligen Basale ansetzend als Träger der Nebenstrahlen dient.

Die Basalia sind bei den Teleosteern nicht vorhanden. Meist 5 Radialia (bei *Lophius* nur 2, beim Aal dagegen 8) besitzt die am Schulterblatt ansetzende Flossenbasis.

Dünne Hautknochenstrahlen bilden die Fortsetzung der Radialia und stützen die freie Flosse, da die Hornfäden bei den Knochenfischen nur noch am äußersten Flossenrand erhalten sind.

Dreiteilige knorpelige Radialia und Hornfäden setzen das Skelett der unpaaren Flossen bei den Haien zusammen. An die Stelle der Hornfäden treten bei den Crossopterygiern und Teleosteern Hautknochenstrahlen, die gelenkig an Flossenstrahlträgern sitzen.

VI. DIE MUSKULATUR

Die zur Fortbewegung des Körpers dienende Seitenrumpfmuskulatur entwickelt sich aus den Urwirbeln und erstreckt sich vom Hinterhauptbein des Schädels bis zur Wurzel der Schwanzflosse. Sie besteht aus einem dorsalen und einem ventralen Teil, die durch eine horizontale Scheidewand aus Bindegewebe voneinander getrennt werden. Entsprechend der Gliederung des Achsenskelettes ist jeder Teil in hintereinanderliegende, tütenartig ineinandersteckende schmale Muskelpartien (Myomeren) gesondert. Die Muskulatur ist durch bindegewebige Scheidewände (Myocommata) an der Wirbelsäule befestigt, die sich am Rumpfmuskel als geknickte Linien abzeichnen.

Die Extremitätenmuskeln bilden sich aus abgespaltener Rumpfmuskulatur und dienen zur Bewegung der Flossen, ferner zum Aufrichten und Niederlegen der Flossenstrahlen. Zu dieser „somatischen Muskulatur" tritt die „viscerale" des Kieferapparates und der Kiemenbögen. Sie bilden eine selbständige Muskelgruppe, die nicht wie die somatischen Muskeln aus den Ursegmenten gebildet werden, sondern embryonal aus den sog. Seitenplatten (einem Teil der Mesodermanlage, ventral der Ursegmente). Die Visceralmuskeln treten beim Gebrauch der Kiefer, der Kiemen und des Kiemendeckels in Tätigkeit.

1. Die Bewegung

Das Schwimmen der Fische ist eine schlängelnde Bewegung, die vor allem von der kräftigen Seitenrumpfmuskulatur in Verbindung mit der Schwanzflosse ausgeführt wird. Alle übrigen Flossen haben für die Fortbewegung kaum eine Bedeutung, sie werden beim Schnellschwimmen mehr oder weniger an den Körper angelegt. Die paarigen Flossen dienen zum Steuern und zum Balancieren. Eine Fortbewegung mit Hilfe der Flossen ist nur bei wenigen Fischen beobachtet worden. So kann z.B. der Stichling durch Ruderbewegungen der Brustflossen vorwärts und rückwärts schwimmen. Mit Hilfe der Rükkenflosse treiben die Seenadeln langsam im Wasser; nur der große bis über 2 m lange Sonnenfisch erreicht mit Rücken- und Afterflosse eine gewisse Geschwindigkeit. Doch bleiben diese Beispiele Ausnahmen.

Auch bei am Boden lebenden Fischen (z.B. *Cottus gobio* und *Aspro)* mit ihrem sprunghaften Schwimmen dient der Schwanz als Hauptbewegungsorgan. Seitliche, aber vertikale Schlängelbewegungen treten bei den auf der Seite schwimmenden Plattfischen auf (z.B. *Pleuronectes)*. Bei Aal und Schlammpeitzger, aber auch bei Wels und Quappe wird der ganze Körper seitlich geschlängelt, wobei sich der Aal auf diese Weise vor- und rückwärts bewegen kann.

Über die Geschwindigkeit der Fortbewegung liegen viele Beobachtungen vor. Karpfen, Schleie und Aale erreichen eine Schnelligkeit von 12 km je Stunde, die Barbe bringt es auf 18 km, der Hecht auf 25 km, die Forelle sogar auf 35 Stundenkilometer. Diese Höchstgeschwindigkeiten können natürlich nicht lange eingehalten werden; der Durchschnitt liegt viel tiefer. Der Aal soll stromab 14 km, der Lachs stromauf 40 km am Tag wandern. Viele Fische sind in der Lage auf der Flucht oder zur Erlangung von Insektennahrung aus dem Wasser zu schnellen und Sprünge auszuführen. Vom Lachs wird berichtet, daß er 3–4 m hoch springen kann.

2. Elektrische Organe

Die Fähigkeit mittels besonderer Organe Elektrizität zu erzeugen und elektrische Schläge auszuteilen ist bei einigen Fischarten ausgebildet. Sie dient zur Verteidigung und zum Lähmen von Beutetieren.

Zu den elektrischen Fischen (sog. Zitterfischen) gehören: der Zitteraal (*Electrophorus* = *Gymnotus electricus*) aus dem Flußgebiet des Orinoco, der afrikanische Zitterwels (*Malapterurus electricus*) und die Zitterrochen der Gattung *Torpedo* aus dem Mittelmeer. Schwache elektrische Organe finden sich außerdem bei dem Nilhecht (*Mormyrus*), dem ebenfalls afrikanischen *Gymnarchus*, bei Rochen der Gattung *Raja* und bei *Astroscopus* von der Atlantikküste Nordamerikas.

Die elektrischen Organe gehen ontogenetisch aus quergestreifter Muskulatur hervor, nur beim Zitterwels sind sie umgewandelte Hautdrüsen. Ihre Lage im Körper ist sehr verschieden. Beim Zitterrochen liegen sie rechts und links zwischen Kiemen und Brustflosse, beim Zitteraal treten sie in einem oberen und einem unteren Paar seitlich des Schwanzes auf. Ebenfalls am Schwanz finden sie sich bei *Mormyrus*, *Gymnarchus* und *Raja*, während sie beim Zitterwels als Mantel die Körperseiten umgeben und bei *Astroscopus* dicht hinter dem Auge liegen.

Der Bau der elektrischen Organe ist bei allen Arten ungefähr gleich. Es sind lamellöse dünne Plättchen, die zu nebeneinander oder hintereinander liegenden Säulen aufgeschichtet sind. Sie liegen beim Zitteraal längs der Körperachse, sind beim Zitterrochen vertikal gestellt und verlaufen beim Nilhecht schräg. Jedes einzelne Plättchen ist von einer Hülle aus Bindegewebe mit Nerven und Blutgefäßen umgeben. Der reich verästelte Nerv tritt immer nur von einer Seite an das Plättchen heran. Befindet sich der Fisch in Ruhe, so ist kaum eine elektrische Spannung in den Organen. Bei Erregung wird die Seite des Plättchens, an die der Nerv herantritt, negativ, die freie Seite dagegen positiv. Die Stromrichtung verläuft beim Zitteraal von hinten nach vorn, beim Zitterwels von vorn nach hinten und beim Zitterrochen von ventral nach dorsal. Die Gesamtspannung ist abhängig von der Menge und der Leistung der Platten, die kleine elektrische Einheiten darstellen. So enthält eine Säule beim Zitteraal etwa 6000 Platten. Die Spannung ist bei ihm am höchsten und beträgt über 800 Volt. Der Zitterwels mit ungefähr 500 Platten erreicht nur 50 Volt, während der Zitterrochen mit etwa 400 Platten nur auf 30 Volt kommt. Die Entladung geht sehr schnell in einigen tausendstel Sekunden vor sich.

VII. DAS NERVENSYSTEM

1. Gehirn und Rückenmark

Die Fische besitzen ein langgestrecktes verhältnismäßig kleines Gehirn, das die Schädelhöhle nicht ausfüllt und an dem 5 Abschnitte unterschieden werden: 1. das Vorderhirn (Prosencephalon) bestehend aus dem Großhirn (Telencephalon, Cerebrum) mit den seitlich gelegenen paarigen Hemisphären und 2. dem Zwischenhirn (Diencephalon) mit dem Sehhügel (Thalamus opticus), 3. das Mittelhirn (Mesencephalon), 4. das Hinterhirn (Metencephalon) oder Kleinhirn (Cerebellum) und 5. das Nachhirn (Myelencephalon) oder verlängerte Mark (Medulla oblongata) (Abb. 12 und 13).

Die Haie und Rochen weisen ein stark entwickeltes Vorderhirn mit nicht ganz geteilten Hemisphären auf. Groß und deutlich geteilt sind sie dagegen bei den Dipnoern, während sie bei den Knochenfischen klein bleiben wie auch die am Vorderhirn befindlichen Riechlappen (Lobi olfactorii).

Die Sehhügel sind groß bei den Knochenfischen, dagegen relativ klein bei den Elasmobranchiern. Ähnliche Unterschiede zeigen auch Cerebellum und Medulla oblongata, die bei den Dipnoern klein, bei Elasmobranchiern und Teleosteern dagegen groß ausgebildet sind.

Von Bedeutung sind ferner zwei dorsale Anhänge, die am hinteren Teil des Vorderhirns (Thalamencephalon) sitzen und die das **Parietalorgan** und die **Zirbeldrüse** darstellen. Bei den Elasmobranchiern vereinigen sich beide Anhänge zum sog. Corpus pineale. Sehr variabel in Form und Größe ist die ventral am Thalamencephalon gelegene **Hypophyse**.

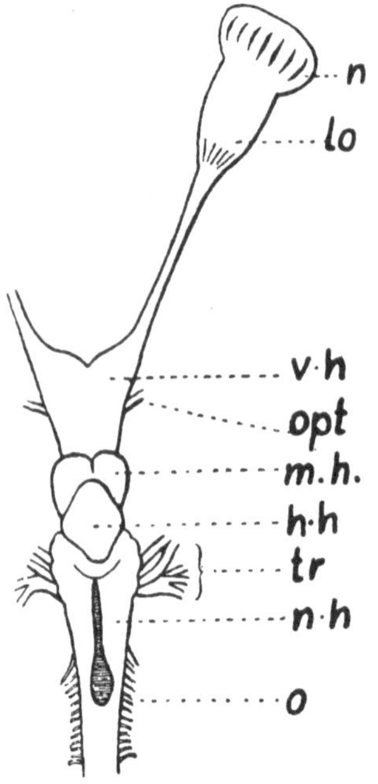

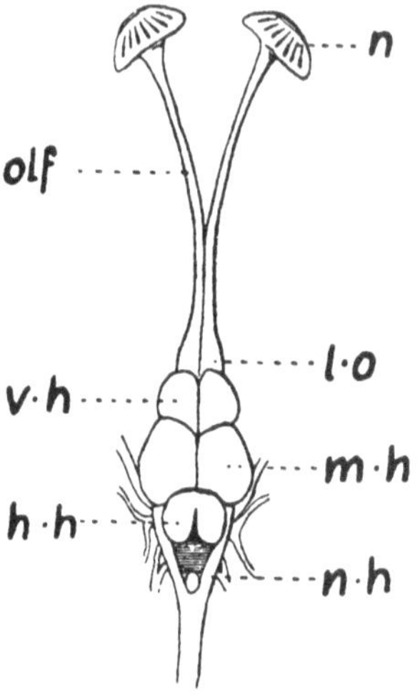

Abb. 12. Gehirn eines Haifisches (*Heptanchus*), von oben

Abb. 13. Gehirn des Flußbarsches, von oben

n Nasensack; *l.o. Lobus olfactorius*; *olf.* Riechnerv; *vh.* Vorderhirn; *opt.* Sehnerv; *m.h.* Mittelhirn; *h.h.* Hinterhirn; *n.h.* Nachhirn; *tr.* Ursprünge der *N. Trigeminus, Facialis* und *Acusticus*; *o.* Vaguswurzeln. — (Nach Rauther: Fische, Sammlung Göschen, S. 30.)

Von den 12 vom Gehirn ausgehenden Nerven sind die wichtigsten: der Riechnerv (Nervus olfactorius), der am Vorderhirn jederseits von den Riechlappen (Lobi olfactorii) ausgeht. Der Sehnerv (N. opticus), ebenfalls paarig hat seinen Ursprung an den Sehhügeln des Zwischenhirns, beide Sehnerven überkreuzen sich (Chiasma). Der N. acusticus stellt die Verbindung zu den Gehörorganen und zu den Hautsinnesorganen der Seitenlinie her. N. trigeminus verbreitet sich mit seinen Fasern in der Kopfregion, N. facialis versorgt ebenfalls Hautsinnesorgane, N. glossopharyngeus ist für den Geschmackssinn verantwortlich und der N. vagus endlich führt zu den Kiemen, zum Herzen und zum Darm.

Das Rückenmark erstreckt sich von der Medulla oblongata zur Schwanzflosse und ist von der Wirbelsäule eingeschlossen. Es dient hauptsächlich zur Übertragung der vom Gehirn ausgehenden Reize und entsendet entsprechend der Wirbelzahl eine gleiche Anzahl von paarigen Nerven (Spinalnerven) mit einer ventralen motorischen und einer dorsalen meist sensiblen Wurzel, die sich zum sympathischen Nervensystem verbinden.

Anschwellungen im Rückenmark treten bei den stärkeren zu den Extremitäten ziehenden Spinalnerven auf.

2. Die Sinnesorgane

Als α) Geschmacksorgane sind die Endknospen oder „becherförmigen Organe" über den ganzen Fischkörper verbreitet und finden sich besonders zahlreich in der Mundhöhle und an den Flossen, Lippen und Barteln (z.B. an den Brustflossen der Knurrhähne und den Barteln der Schellfische, wo sie auch eine Tastfunktion ausüben). Sie bestehen aus Sinneszellen, die von Hüllzellen umgeben werden und als kleine Knospe aus der Epidermis herausragen. Außer der chemischen Funktion der Geschmackswahrnehmung reagieren die Sinneszellen aber auch auf Temperaturunterschiede (Abb. 14).

Die für die Fische so charakteristischen β) Seitenlinien wurden bisher immer als Rezeptoren des Strömungssinnes angesehen. Außerdem dienen sie zur Erhaltung des Gleichgewichtes und zur Wahrnehmung von

Hindernissen, die durch die Reflektion der Wellen von den Sinneshügeln der Seitenorgane aufgenommen werden.

Die Seitenlinie erstreckt sich zu beiden Seiten des Fischkörpers vom Kopf bis zum Schwanz und bildet den Hauptast eines Kanalsystems. Dieser teilt sich am Kopf in 3 Nebenäste, von denen einer längs des Unterkiefers liegt, der zweite sich unter dem Auge und der dritte über dem

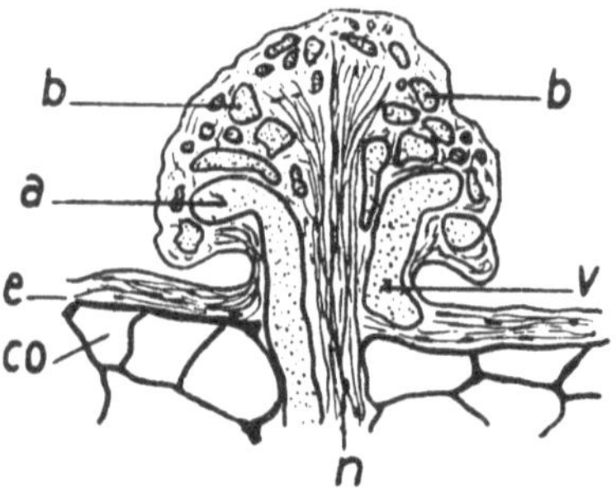

Abb. 14. Endknospe von *Malthopsis*. *a* Arterie, *b* Kapillaren, *co* *Corium*, *e* Epithel, *n* Nerv, *v* Vene. (Nach Trojan aus Kyle und Ehrenbaum.)

Auge befindet. Alle diese Rinnen und Kanäle liegen entweder offen in der Epidermis *(Chimaera)* oder sind von Schuppen bedeckt, so daß die in ihnen stehenden Sinneszellen, deren Sinnesborsten in die mit Schleim gefüllten Kanäle hineinragen, nur durch Poren mit dem Wasser in Verbindung stehen (Abb. 15).

Abänderungen dieser Organe sind bei den Elasmobranchiern die „Lorenzinischen Ampullen", mit Gallerte und Sinneszellen versehene in der Haut endende Röhren; ferner die Nervensäckchen der Ganoiden und die subcutanen „Savischen Bläschen" der Rochen. Da nach Herter aber Fische auch nach Ausschaltung der Seitenorgane auf Strömungsreize reagieren, ist die Bedeutung der Seitenlinien als Rheorezeptoren unsicher und zweifelhaft geworden.

Ebenfalls aus Schleimgruben bestehen die paarigen zu beiden Seiten des Mundes befindlichen γ) Nasengruben, die bei den Elasmobranchiern und Dipnoern ventral, bei allen übrigen aber dorsal liegen. Die im Innern in Falten angeordnete Riechschleimhaut steht durch die Lobi olfactorii mit dem Gehirn in enger Verbindung. Die Mündungen der Nasengruben sind vielfach durch eine Hautbrücke

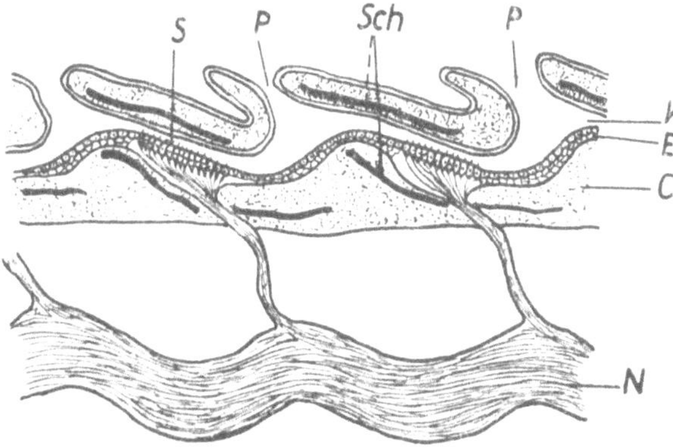

Abb. 15. **Seitenlinie im Längsschnitt von *Amia calva*.** — *c Corium*, *e Epidermis*, *k* Kanal, *n* Nerv, *p* Hautporus, *s* Sinneszellen, *sch* Schuppe. (Nach Allis aus Wiedersheim.)

in eine vordere und eine hintere Öffnung geteilt. Am stärksten ist das Geruchsvermögen wohl bei den Haien ausgebildet, bei denen die Riechgruben durch Rinnen mit dem Munde verbunden sind. Alle übrigen Fische haben keine derartigen Verbindungen. Bei den Muraeniden sind die Nasenöffnungen mit einem schornsteinartigen Aufsatz versehen.

Das δ) statische Organ, zum vorderen Teil der Seitenorgane gehörend, besteht aus dem häutigen Labyrinth, das sich aus dem Utriculus mit 3 Bogengängen und dem Sacculus mit 1 Anhängsel, der Lagena, zusammensetzt. Während es bei den Elasmobranchiern durch den Ductus endolymphaticus mit der Außenwelt in Verbindung steht, liegt es bei den übrigen frei in der Schädelhöhle. Bei einigen Teleosteern grenzt die Schwimmblase durch 2 Blindschläuche an den das statische Organ umgebenden Perilymphraum. Bei den Ostariophysen (Karpfen, Welse usw.) wird die Verbindung durch eine Reihe von kleinen Knöchelchen, dem sog. „Weberschen Apparat" hergestellt. Er dient zur Übertragung von Druckschwankungen der Schwimmblase auf das Labyrinth.

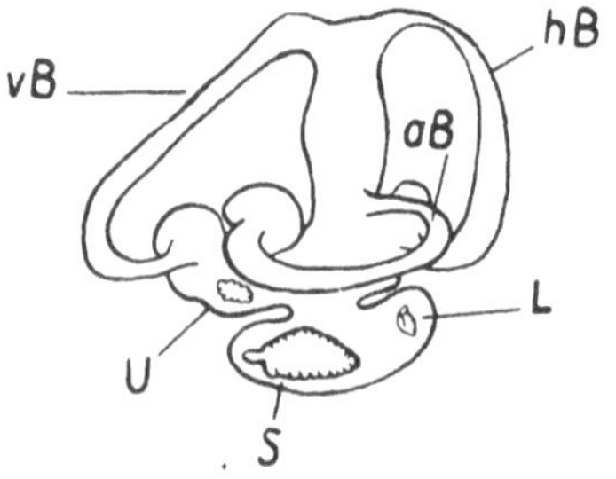

Abb. 16. Labyrinth eines Knochenfisches. Schematisch. *aB* äußerer Bogengang, *hB* hinterer Bogengang, *L Lagena* mit *Lapillus*, *U Sacculus* mit *Asteriscus*, *S Utriculus mit Sagitta*, *vB* vorderer Bogengang. (Nach Jacobs aus Herter.)

Das Innere des Labyrinthes ist mit einer Flüssigkeit, der Endolymphe, gefüllt und weist 2–3 Paar Sinnesstellen auf (Macula utriculi im Utriculus, M. sacculi im Sacculus, M. lagenae in der Lagena), die vom Nervus acusticus versorgt werden und deren Sinneshaare die hauptsächlich aus kohlensaurem Kalk bestehenden „Statolithen (Otolithen)" tragen. Von diesen 3 Statolithen befindet sich die große Sagitta im Utriculus, die wesentlich kleineren Asteriscus und Lapillus im Sacculus und in der Lagena (Abb. 16). Für die Systematik und in der Fischereibiologie hat sich die Sagitta zur Art- und Altersbestimmung als unentbehrlich erwiesen. Das statische Organ dient in der Hauptsache zur Erhaltung des Gleichgewichtes. Wird das Labyrinth experimentell zerstört oder entfernt, so werden die Bewegungen des Fisches unorientiert.

Ferner werden stärkere Erschütterungen ebenfalls vom statischen Organ wahrgenommen.

Ein ε) Hörvermögen der Fische ist durch die Untersuchungen von v. Frisch, Herter u.a. weitgehendst nachgewiesen worden. So hat man bei Ellritzen und Zwergwelsen durch Dressurversuche auf Töne ein ähnliches Hörvermögen wie beim Menschen feststellen können.

Trommelfische *(Sciaenidae)* und Knurrhähne sind in der Lage Töne zu erzeugen, die beim Trommler wahrscheinlich durch Vibration der Schwimmblasenmembran hervorgerufen wird.

Die meist großen ζ) Augen der Fische mit der metallglänzenden Iris, in ihrem Bau ähnlich dem der höheren Wirbeltiere, weisen eine harte kugelige und in ihrer Gestalt nicht veränderliche Linse auf; ferner ist die Hornhaut (Cornea) äußerst flach und kaum gewölbt. Es fehlen der Ciliarkörper (nur bei den Elasmobranchiern und den Chondroganoiden ist er schwach entwickelt), das äußere Augenlid und die Tränendrüsen. Dagegen sind gerade und schiefe Augenmuskeln stets vorhanden. Die Sklera ist gewöhnlich verknorpelt und weist z. T. Knocheneinlagerungen auf (Abb. 17).

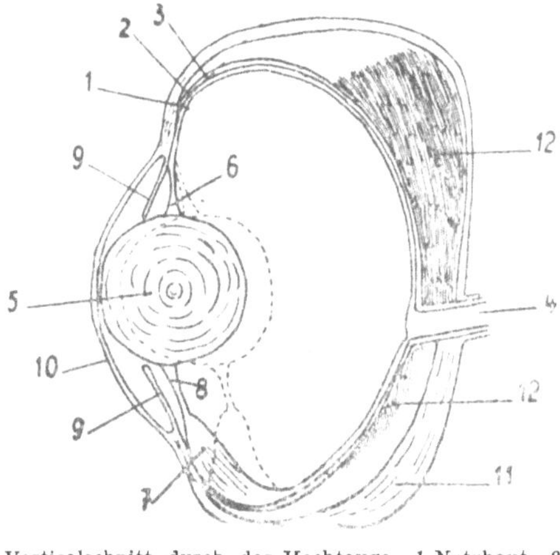

Abb. 17. Verticalschnitt durch das Hechtauge. *1* Netzhaut, *2* Pigmentepithel, *3 Chorioidea*, *4* Sehnerv, *5* Linse, *6* Aufhängeband der Linse, *7 Campanula Halleri*, *8* dessen Sehne, *9 Iris*, *10 Cornea*, *11 Sclera*, *12 Chorioidealdrüse*. Die punktierten Linien zeigen die Stellung der Linse bei Kontraktion des Rückziehmuskels. (Nach Hesse aus Schimkewitsch.)

Bei Haien und beim Sonnenfisch *(Orthagoriscus)* treten Hautfortsätze des unteren Augenrandes, die „Nickhäute" auf, die als Blendschutz dienen. Bei anderen Fischen (z. B. Makrele) ist das Auge von einer gelatineähnlichen Schicht überzogen. Das Fischauge ist zum Nahsehen eingerichtet (im Gegensatz zu den meisten Landtieren), ist also im Ruhezustand kurzsichtig. Die Akkommodation auf größere Entfernungen geschieht durch die Verschiebung der Linse, die durch den an der Rückseite ansetzenden als Campanula Halleri bekannten Linsenmuskel (M. retractor lentis) geschieht. Dadurch wird die Linse der Netzhaut näher gebracht. Ein Aufhängeband (Ligamentum suspensorium) bringt sie dann wieder in die Normalstellung zurück. Die meist seitlich am Kopf stehenden Augen rükken bei dem Sterngucker *Uranoscopus* und bei einigen Gobiiden dichter am Kopf zusammen. Bei vielen Tiefseefischen stehen sie oft parallel mit der Richtung nach vorn oder nach oben und sind als sog. Teleskopaugen entwickelt (Abb. 18). Hierbei sitzt die kugelige Linse in dem zylindrischen Augapfel, der am Grunde von der Retina abgeschlossen wird. Die Iris ist rückgebildet.

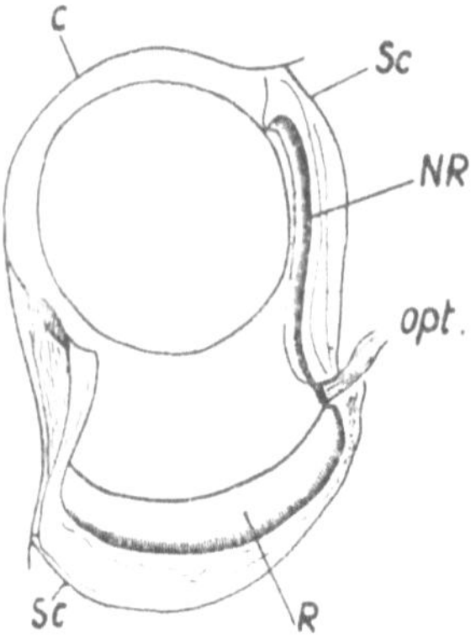

Abb. 18. Schnitt durch ein Teleskopauge. *C Cornea, NR Nebenretina, R Hauptretina, opt* Sehnerv, *Sc Sclera.* (Nach Brauer aus Schimkewitsch.)

Dieser eigenartige Augentyp ist als Anpassung zum Sehen bei geringsten Helligkeiten gedeutet worden. Doch finden sich gerade bei Tiefseefischen alle Augentypen, große Teleskopaugen, normale und auch rückgebildete Augen. Sie können auch ganz fehlen, ähnlich wie bei Höhlenfischen.

Sehr eingehende Arbeiten von v. Frisch, Herter u. a.

brachten Klarheit über die Leistungen des Fischauges. So bewiesen Dressuren mit Ellritzen und Flußbarschen die Fähigkeit des Bildsehens. Die Versuchstiere lernten geometrische Figuren und Buchstaben zu unterscheiden, wobei selbst Formen mit einer Größendifferenz von 1 mm beachtet wurden.

Der Farbensinn ist ebenfalls sehr ausgeprägt. So zeigen viele Fische einen physiologischen Farbwechsel, in dem sie sich ihrer Umgebung anpassen. Besonders schnell soll dies bei den Bewohnern der Korallenriffe vor sich gehen, aber auch die Plattfische ändern die Körperfärbung je nach dem Untergrund, auf dem sie liegen. Desgleichen passen sich auch die Seenadeln den Meerestangen an, zwischen denen sie leben. Geblendete Fische tun dies alles aber nicht mehr. Ein Beweis dafür, daß sie vorher verschiedene Farben gesehen und unterschieden haben.

Ellritzen ließen sich auf 20 verschiedene Farbstufen mit den Wellenlängen zwischen 700 und 370 $\mu\mu$ dressieren. Sogar ultraviolettes Licht (unter 397 $\mu\mu$) wird von Fischen wahrgenommen. Es gelang z.B. Herter den simultanen Farbenkontrast, der vom Menschen und von den Bienen bekannt ist, auch bei den Fischen nachzuweisen (1 Farbfeld gibt dem benachbarten farblosen seine Gegenfarbe).

VIII. DIE STOFFWECHSELORGANE

1. Die Nahrung

Die meisten Fische nehmen tierische Nahrung zu sich, nur einige (z.B. Cypriniden) fressen außerdem auch Pflanzenstoffe. Teilt man die Fische nach ihrer Nahrung ein, so erhält man folgende Gruppen: 1. Planktonfresser. Hierher gehören u.a. das Blau-Felchen *(Coregonus wartmanni)*, die kleine Maräne *(C. albula)*, Maifisch und Finte *(Clupea alosa* und *Cl. finta)*. 2. Gewürmfresser (Fische, die Würmer, Insekten und ihre Larven, Schnecken usw. bevorzugen), z.B. fast alle Cypriniden, die Bodenrenke *(Coregonus fera)*, Störe *(Acipenser)*, Kaulbarsch *(Acerina)* usw. 3. Raubfische mit den Vertretern Hecht, Lachs, Zander, Barsch und Wels.

Nach neueren Untersuchungen spielt bei der Ernährung die sog. Anflugnahrung eine große Rolle. Man versteht darunter all die Insekten, die dicht über der Wasseroberfläche fliegen oder vom Wind aufs Wasser geschlagen werden. So springen z.B. Forellen nach Insekten aus dem Wasser. Auch der Fischlaich stellt eine beliebte Nahrung dar, so daß zur Laichzeit viele Fische sich fast ausschließlich von ihm ernähren.

Einige wenige, wie z.B. der Aal, gehen auch an tote Tiere.

Auch Alter und Jahreszeit können auf die Ernährungsweise Einfluß haben. So sind fast alle Jungfische Planktonfresser. Der Ucklei *(Alburnus lucidus)* geht im Spätsommer zur Planktonnahrung über, nachdem er im Sommer Insekten gefressen hat.

2. Mundhöhle und Zähne

Sie beginnen mit der am Kopf befindlichen Mundöffnung, die in eine geräumige Schlundhöhle führt. Von hier leitet eine muskulöse Speiseröhre (Oesophagus) ohne deutliche Abgrenzung zum Magen über, an den durch eine Verengung gekennzeichnet das Duodenum des Dünndarmes ansetzt, der fast bis zum After reicht. Ein meist kurzes und bei vielen Fischen kaum unterscheidbares Rectum mündet durch den After nach außen.

Der Mund liegt als eine Querspalte am Vorderende des Kopfes und ist bei Raubfischen sehr groß; dagegen klein und eng bei Plankton- und Gewürmfressern. Je nach der Lage am Kopf unterscheidet man ober- und unterständige Mundöffnung. Die Lippfische *(Labridae)* können die Mundöffnung mit Hilfe beweglicher Stielknochen des Zwischen- und Oberkiefers vorstrecken.

Äußerst mannigfaltig in Form und Zahl sind die vielen Zähne, die auf den Kieferrändern und auf den Gaumen- und Schlundknochen sitzen. So weist z.B. der Oberkieferapparat oft 2 parallele Bogenreihen auf, von denen die äußere Zahnreihe am Zwischenkiefer, die innere an den Gaumenbeinen sitzt. Dazu tritt noch eine mittlere am Vomer. Der Unterkiefer dagegen besitzt nur 1 Bogenreihe von Zähnen. Doch können auch viele andere Mundknochen Zähne tragen, so z.B. das Zungenbein, die Kiemenbögen und die beiden Schlundknochen.

Die Zähne entsprechen den Hautzähnen (Placoidschuppen) der Elasmobranchier und werden nach Abnutzung meist erneuert.

Der Fischnahrung entsprechend gibt es z.B. spitze oder kegelförmige Fangzähne (Kamm-, Bürsten- und Samtzähne), breite platte Mahlzähne und meißelförmige Zähne. Nur wenige Fische sind völlig zahnlos, so z.B. die Seenadeln. Bei den Cypriniden tragen nur die unteren Schlundknochen Zähne.

Da fast alle Fische ihre Nahrung ganz herunterschlingen, dienen die Zähne zum Ergreifen und Festhalten der Beute, nur in wenigen Fällen zum Zerkleinern. Bei Lungenfischen und Meeräschen sind Kaubewegungen beobachtet worden.

Am Boden der Mundhöhle liegt eine kleine nur wenig bewegliche Zunge, die vom Zungenbein gestützt wird. Die dahinter liegende Schlundhöhle wird seitlich von den Kiemenspalten durchbrochen.

Bei vielen Planktonfressern, z.B. der Salmonidengattung *Coregonus* bilden die dicht stehenden und verlängerten Kiemendornen ein feines Sieb, das über den Kiemenspalten liegt und die Planktonorganismen zurückhält. Wulstige Hautfalten sitzen auf den kurzen Kiemendornen der Cypriniden und schließen die Kiemenspalten bis auf einen engen Spalt. Auf diese Weise werden alle Schlammteilchen zurückgehalten, die sonst die Kiemen verstopfen, wenn diese Fische den Boden nach Nahrung durchsuchen.

3. Speiseröhre, Magen und Darmkanal

Der meist enge und kurze Ösophagus führt in einen oft blindsackartig erweiterten Magen (Clupeiden). Dieser

Blindsack kann sehr groß werden (Perciden), fehlt dagegen bei den Labriden.

Der Magen ist in seinem vorderen Teil stark muskulös und scheint die Funktion eines Kaumagens zu besitzen. Der mit dem Duodenum am Magen ansetzende Dünndarm läuft in mehrfachen Windungen und Schlingen durch den Körper. Im Innern des Darmes liegt die Schleimhaut in Längsfalten, Darmzotten treten nur selten auf. Die getrennt verlaufenden

Abb. 19

Abb. 20

Abb. 19. Spiralfalte eines Rochen, längs. (Nach Parker aus Kyle und Ehrenbaum.)

Abb. 20. Darmkanal von *Salmo salvelinus*. (Nach Gegenbaur.) *d* Luftgang der Schwimmblase; *v* Magen; *ap* Pförtneranhänge; *m* Mitteldarm. (Nach Rauther: Fische, Sammlung Göschen, S. 47, Fig. 16.)

Darmwindungen haben scheinbar durch Verschmelzung im hinteren Darmabschnitt der Dipnoer, Ganoiden und Elasmobranchier zur Ausbildung einer schraubenförmigen Längsfalte, der sog. Spiralfalte geführt. Sie wird als Vergrößerung der resorbierenden Fläche gedeutet (Abb. 19 und 20).

Der Enddarm ist oft sehr kurz und trägt bei den Elasmobranchiern einen blindsackartigen Anhang. Der stets ventral gelegene After mündet in der Regel am Ende der

Leibeshöhle bzw. des Rumpfes. Bei einigen Knochenfischen (*Gymnotus, Fierasfer* usw.) ist er sehr weit nach vorn bis an die Kehle verlagert (kehlständig). Der Enddarm mündet entweder direkt nach außen oder endet zusammen mit den Harn- und Geschlechtsorganen in einer Kloake (Dipnoer, Elasmobranchier). Im ersten Fall liegt der After stets vor der Mündung der Harn- und Geschlechtsorgane.

Speicheldrüsen sind bei den Fischen nicht vorhanden. Im gesamten Darmkanal vom Mund bis zum After finden sich Schleimdrüsen. Pepsin tritt als verdauendes Ferment nicht nur im Magen, sondern auch im Darm auf (*Cyprinus, Anguilla*). Im Magen befinden sich ferner säureerzeugende Zellen.

Die Leber ist stets groß und fettreich ausgebildet. Eine Gallenblase fehlt nur selten. Sie ist durch den Ductus choledochus mit dem Darm verbunden. Die Bauchspeicheldrüse (Pankreas) ist bei vielen Knochenfischen in Form von kleinen Drüsenlappen im Mesenterium verteilt und daher oft nur schwer nachweisbar. Oder aber sie ist in die Leber selbst eingebettet (*Cyprinus, Labrax, Gobius* usw.). Auch sie mündet im Anfangsteil des Mitteldarmes. Ebenfalls hier enden die bei den Ganoiden und vielen Teleosteern vorkommenden Pförtneranhänge (Appendices pyloricae); kurze drüsige Blindschläuche, die bis zu mehreren 100 auftreten können. Sie sind als resorbierende Organe gedeutet worden, da es nicht geklärt ist, ob sie ein eigenes Verdauungssekret absondern. Gleichfalls unbekannt ist die Funktion der bei den Elasmobranchiern in der Nähe des Afters befindlichen Analdrüse.

4. Die Atmungsorgane

Zur Atmung dienen die zwischen Schlund und Körperwand in Ausbuchtungen (Kiementaschen) liegenden inneren Kiemen, die den im Wasser gelösten Sauerstoff aufnehmen. Es sind dünne mit Blutgefäßen dicht besetzte Hautlamellen (Kiemenblättchen), die von außen durch den Kiemendeckel (Operculum) geschützt sind (Abb. 21).

Bei den Haien sind die Kiementaschen durch Septen aufgeteilt, die Kiemenblättchen liegen an den durch Knorpelstäbchen gestützten Wänden. Es sind meist 5 Paar nach außen mündende Kiemenspalten vorhanden (bei einigen Haiarten bis zu 7); die letzte Reihe trägt nur eine Reihe von Kiemenblättchen an ihrer Vorderwand. Häufig tritt noch eine rudimentäre Kiemenspalte, das sog. Spritzloch auf; ein enger zwischen Kiefer- und Zungen-

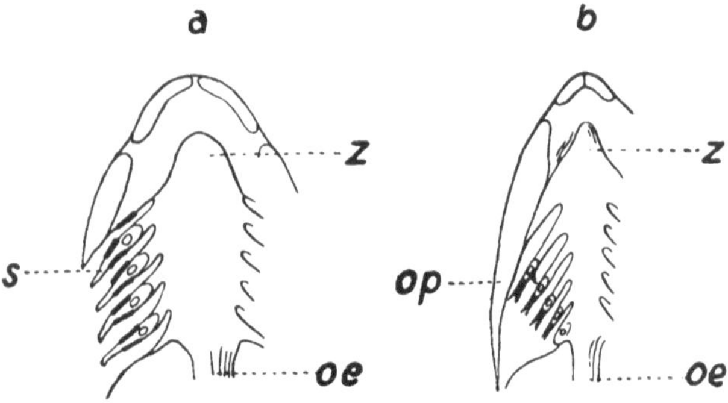

Abb. 21. Ventrale Hälfte der horizontal durchschnittenen Mund- und Rachenhöhle: a) eines Haifisches; b) eines Knochenfisches. (Nach Gegenbaur.) *oe* Schlund; *op* Kiemendeckel; *s* Scheidewände (Septen) zwischen den Kiementaschen; *z* Zunge (am Boden der Mundhöhle). Die Kiemenblättchen sind schwarz wiedergegeben. (Nach Rauther: Fische, Sammlung Göschen, S. 38.)

beinbogen verlaufender Kanal, der Reste von Kiemenblättchen (Pseudobranchie) trägt. Ein Kiemendeckel fehlt.

Ganoiden und Teleosteer weisen verkürzte Kiementaschen auf. Auf den 4 Kiemenbögen sitzen die lanzettförmigen Kiemenblättchen (Abb. 21) in doppelter Reihe. Ein Spritzloch ist bei den meisten Ganoiden vorhanden, fehlt aber bei den Knochenfischen. Die Kiemen werden vom Kiemendeckel und einer Kiemenhaut (Branchiostegalmembran) abgedeckt. So entsteht eine Kiemenhöhle, die dicht vor der Brustflosse durch einen Spalt nach außen mündet. Viele Ganoiden und *Chimaera* besitzen an der Innenseite des Operculums Kiemenblättchen (sog. Nebenkieme, Kiemendeckelkieme), die ebenfalls Atmungsfunktion besitzen. Bei den Knochenfischen sind sie nur rudimentär als sog. Pseudobranchie des Operculums vorhanden.

Aber auch äußere Kiemen, ähnlich denen der Amphibienlarven, treten z.B. bei den Embryonen von Elasmobranchiern, *Polypterus* und *Lepidosiren* auf. *Protopterus* besitzt außer seinen inneren Kiemen noch 3 Paar rudimentäre äußere Kiemen.

Bei der Atmung strömt das Wasser durch Erweiterung der Mundhöhle in den Mund ein und wird nach Schließen des Mundes durch Verengung der Mundhöhle an den Kiemen vorbei nach außen gepreßt.

Tritt Sauerstoffmangel im Wasser ein, so schnappen die Fische an der Wasseroberfläche nach Luft, um auf diese Weise das Atemwasser mit Sauerstoff anzureichern. Luftatmung findet sich vielfach bei Bewohnern sauerstoffarmer oder fauliger, aber auch flacher tropischer Gewässer. Manche können sich sogar längere Zeit außerhalb des Wassers aufhalten *(Anabas)*. Diese Arten haben akzessorische Atmungsorgane, z.B. sackförmige Ausstülpungen der dorsalen Kiemenhöhlenschleimhaut bei *Saccobranchus* und *Amphipnous*. Bei den Labyrinthfischen sind es labyrinthartige Höhlungen im oberen Knochen des ersten Kiemenbogens. Die Siluriden *Clarias* und *Heterobranchus* weisen verästelte Anhänge an ein oder zwei Kiemenbögen auf. *Heterotis* und mehrere Clupeiden besitzen einen spiralig aufgewundenen Anhang (Kiemenschnecke).

Hautatmung ist außer der Kiemenatmung vom Aal und vom Schlammpeitzger bekannt.

Darmatmung ist ebenfalls beim Schlammpeitzger und bei südamerikanischen Welsen *(Callichthys, Loricaria)* nachgewiesen. Die durch den Mund aufgenommene Luft passiert einen sehr gefäßreichen Darm und wird durch den After wieder ausgestoßen.

Die den Dipnoern eigentümlichen Lungen, sackförmige Anhänge des Vorderdarms, haben respiratorische Funktion und münden ventral in den Schlund.

5. Die Schwimmblase

Eine Schwimmblase besitzen fast alle Fische mit Ausnahme der Elasmobranchier und Pleuronectiden. Sie dient

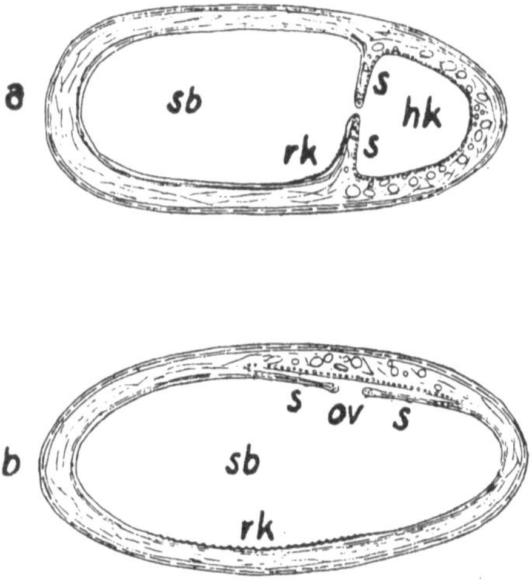

Abb. 22. Schematische Längsschnitte durch *a* die Schwimmblase von *Opsanus (Acanthopterygii jugulares)*; *b* eines barschartigen Fisches (nach Tracy); *d* Vorderarm; *hk* hintere Kammer; *l* Luftgang; *ov* Oval; *rk* roter Körper; *s* Scheidewand; *sb* Schwimmblase (Hauptraum). (Nach Rauther: Fische, Sammlung Göschen, S. 44.)

zur Wahrnehmung des wechselnden Wasserdruckes (hydrostatischer Apparat) und setzt den Fisch in die Lage, sein spez. Gewicht dem des umgebenden Wassers anzupassen. Die Schwimmblase ist ein meist unpaarer, oft in mehrere Abschnitte eingeteilter Sack, der als eine Ausstülpung der oberen Schlundwand stets über dem Darm liegt. Die Innenfläche ist glattwandig (Abb. 22). Die abweichend gebauten Schwimmblasen von *Umbra*, *Arapaima* und *Gymnarchus* haben respiratorische Funktion.

Ein Luftgang (Ductus pneumaticus) verbindet bei den als Physostomen bezeichneten Fischen (Ganoiden, Dipnoer, viele Teleosteer z.B. Malacopterygier, Ostariophysen, *Apodes*, *Haplomi)* Darm und Schwimmblase (Abb. 23). Seine Einmündung liegt stets dorsal oder lateral, nur bei den Dipnoern ventral. Bei vielen Teleosteern, den sog. Physoclisten bleibt die Schwimmblase geschlossen, ein Luftgang fehlt.

Manche Clupeiden weisen eine zweite postanale nach außen führende Öffnung der Schwimmblase auf.

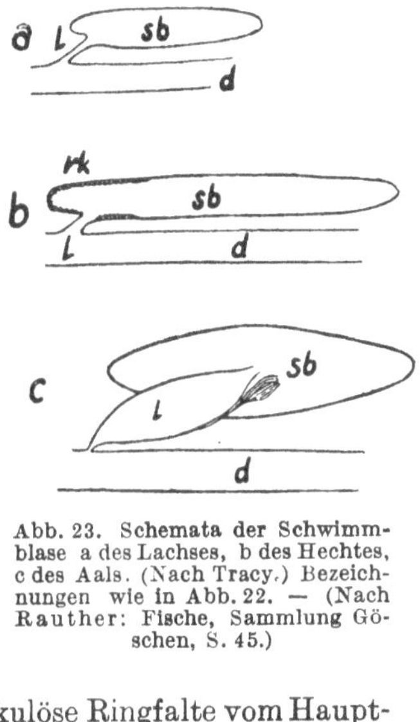

Abb. 23. Schemata der Schwimmblase a des Lachses, b des Hechtes, c des Aals. (Nach Tracy.) Bezeichnungen wie in Abb. 22. — (Nach Rauther: Fische, Sammlung Göschen, S. 45.)

Das in der Schwimmblase befindliche Gas ist in seiner Zusammensetzung der atmosphärischen Luft ähnlich und wird vom roten Körper, einer Gasdrüse in der Schwimmblase, produziert. Eine Entleerung des Gases erfolgt entweder durch den Ductus pneumaticus oder durch das sog. Oval. Dieses reich mit Gefäßen versehene Organ ist imstande, das Gas zu resorbieren und kann durch eine muskulöse Ringfalte vom Hauptschwimmblasenraum abgesperrt werden. Doch geht dieser Druckausgleich immer langsam vor sich. Eine willkürliche Kontraktion der Schwimmblase ist unmöglich, da sich in ihrer Wand keine oder nur glatte Muskeln befinden. Werden daher Fische z.B. beim Fang aus größeren Tiefen schnell an die Oberfläche gebracht, so dehnt sich die Schwimmblase stark aus, die Eingeweide werden hervorgepreßt (Trommelsucht), oder aber sie platzt.

Über die Verbindung der Schwimmblase mit dem Labyrinth durch den Weberschen Apparat siehe unter „statisches Organ“. Bei einigen Fischen dient die Schwimmblase als Resonator für Laute, die durch Auspressen von Schwimmblasengas oder wie bei *Balistes* durch Reibung zweier Knochen des Schultergürtels entstehen.

6. Herz und Blutkreislauf

Das Herz der Fische liegt dicht hinter den Kiemenbögen vor dem Schultergürtel in einem Herzbeutel (Perikard), der durch ein senkrechtes Septum von der Bauchhöhle getrennt ist. Nur bei den Elasmobranchiern und einigen anderen Arten sind beide Hohlräume miteinander verbunden. Das Herz selbst wird von 3 Kammern gebildet, dem Sinus venosus (hier sammelt sich das venöse Blut aus dem Körper), der Vorkammer (Atrium) und der Kammer (Ventrikel). Sinus und Atrium sind sehr dünnwandig, nur die Herzkammer besitzt eine starke muskulöse Wand. Zwischen der Kammer und der ventral verlaufenden Aorta ist bei den Elasmobranchiern, Ganoiden und Dipnoern der muskulöse Conus arteriosus eingeschaltet, der im Innern 2–8 Reihen halbmondförmiger Klappen trägt. Bei den Teleosteern ist dieser besondere Herzabschnitt rückgebildet. An seiner Stelle findet sich eine nichtmuskulöse Erweiterung mit nur einem Klappenpaar, dem Bulbus arteriosus. Die Klappen verhindern das Zurückströmen des aus der Kammer nach vorn getriebenen Blutes. Als Ausnahme hat der Teleosteer *Albula* einen kleinen muskulösen Conus arteriosus mit 2 Klappenreihen. Das Herz der Dipnoer ist entsprechend der bei diesen Fischen neben der Lungenatmung bestehenden Kiemenatmung höher entwickelt. Ein Septum teilt die Vorkammer in 2 Räume und bewirkt die Trennung des venösen und arteriellen Blutstromes. Das venöse Blut gelangt von der Leber in den rechten Raum, in den linken fließt das arterielle aus der Lunge. Ein unvollständiges Septum befindet sich ferner in der Herzkammer (Abb. 24).

Durch die Herzkontraktionen wird das Blut in die unterhalb der Kiemen gelegene Hauptschlagader (Aorta ascendens) getrieben, von der zu jedem Kiemenbogen paarige seitliche Äste laufen. Im weiteren Verlauf dieser zuführenden Kiemengefäße wird das respiratorische Kapillarnetz der Kiemenblättchen mit einbezogen. Das jetzt sauerstoffreiche Blut strömt durch die rückführenden

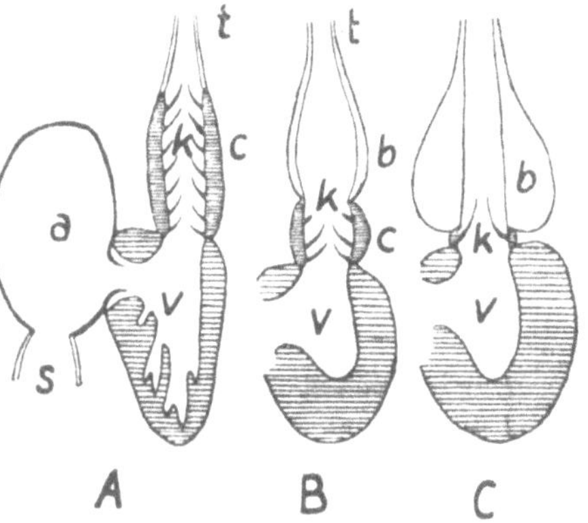

Abb. 24. Schematischer Längsschnitt des Herzens: *A* eines Haifisches; *B* von *Amia*; *C* eines Knochenfisches. (Nach Boas.) *a* Vorhof; *b* *Bulbus*; *c* *Conus arteriosus*; *k* Klappen; *s* Venensinus; *t* Arterienstamm; *v* Herzkammer. — (Nach Rauther: Fische, Sammlung Göschen, S. 48.)

Kiemengefäße (Epibranchial-Arterien) in die mediane Aorta descendens. Die Kopfgefäße, z. B. A. carotis, werden von der vordersten Epibranchialarterie versorgt. Von der durch den ganzen Körper verlaufenden Aorta descendens gehen Schlagadern (Arterien) zu den einzelnen Organen und versorgen sie mit arteriellem Blut; so die paarigen Arteriae subclaviae zu den vorderen, A. iliacae zu den hinteren Extremitäten. Die unpaaren A. coeliaca und A. mesenterica laufen zum Darm und seinen Anhängen. Auch die Harn- und Geschlechtsorgane sind mit paarigen Arterien versehen. Das aus dünnwandigen weiten Gefäßen bestehende Venensystem setzt sich aus 2 vorderen (Jugularvenen) und hinteren Cardinalvenen zusammen; beide vereinigen sich zu einem kurzen Querkanal (Ductus Cuvieri). Diese führen das venöse Blut in den Sinus venosus.

Die Caudalvene bildet nach Gabelung in mehrere Äste den Nierenpfortaderkreislauf, wobei das Blut anschließend durch die Nierenvene in die hinteren Cardinalvenen fließt. Auch das Venenblut des Darmes macht einen Umweg. Es strömt durch die Pfortader zur Leber, passiert hier die Kapillaren des Leberpfortaderkreislaufes und gelangt dann durch eine oder mehrere Lebervenen zum Sinus venosus.

Die ovalen kernhaltigen Blutkörperchen haben eine Größe von 0,005–0,023 mm.

Es ist ein Lymphgefäßsystem vorhanden, das in die Venen mündet. Bei den Knochenfischen laufen 1–2 Bahnen längs der Wirbelsäule neben der Aorta. Sie erhalten die Lymphe aus den inneren Organen, aus in und unter der Haut liegenden netzartigen Geweben und aus 4 Hauptgefäßen (2 laterale, 1 dorsales und 1 ventrales). Die Hauptbahnen stehen außerdem in Verbindung mit den das Rückenmark umgebenden Lymphräumen. Es existieren ferner mehrere Lymphsinus, die die Lymphe sammeln; der beim Herzen gelegene Hauptsinus (Sinus pericardialis) mündet in den Ductus Cuveri.

Lymphherzen sind bei einigen Fischen (Aal, Schlei und Hecht) am Caudalsinus nachgewiesen. Durch Kontraktionen wird die sich ansammelnde Lymphe in die Schwanzvene getrieben und gelangt so in den Blutkreislauf zurück. Die Milz, zwischen Magen und Dünndarm gelegen, dient als Lymphdrüse zur Bildung der Leukozyten und zur Auflösung der alten Blutkörperchen.

7. Innere Sekretion

Einige Drüsen ohne Ausführgang (inkretorische oder endokrine Drüsen) geben ihre Sekrete (Inkrete, Hormone) an das sie durchströmende Blut oder an die allgemeine Leibeshöhlenflüssigkeit ab, die sie zu den einzelnen Organen und Geweben bringen. Diese Sekrete von meist komplizierter chemischer Zusammensetzung wirken bereits in sehr kleinen Mengen.

Die Schilddrüse (Thyreoidea) am Truncus arteriosus liefert das jodhaltige Thyroxin ($C_{15}H_{11}O_4NS_4$) zur Regulierung des Stoffumsatzes.

Die Thymusdrüse oberhalb der Kiemenbogen ist für das Wachstum und die Entwicklung der Geschlechtsdrüsen erforderlich. Doch ist ihre Funktion noch nicht hinreichend geklärt.

Die Bauchspeicheldrüse (Pankreas) besteht aus 2 Teilen. Der eine produziert Verdauungsfermente, die ins Duodenum fließen. Der andere erzeugt in besonderen Zellgruppen, den „Langerhansschen Inseln“, das Insulin ($C_{45}H_{69}O_{14}N_{11}S$), das den Blutzucker-Spiegel konstant erhält. Dieses Inselorgan liegt bei den Knochenfischen vom eigentlichen Pankreas getrennt. Die dicht an den Nieren befindlichen Nebennieren bestehen aus der Rinde (Interrenalorgan) und dem Mark (Adrenalorgan). Beide sind bei den Fischen noch nicht verschmolzen, sondern liegen getrennt. Das von der Rinde abgesonderte Corticosteron ist lebenswichtig. Bei Ausfall der Rindenfunktion tritt eine Herabsetzung der Atemfrequenz auf und später führt Atemlähmung zum Tode. Im Mark wird Adrenalin ($C_9H_{13}NO_3$) erzeugt, ein Reizmittel des Sympathicus (Steigerung des Blutdrucks). Es wirkt auf die Frequenz des Herzschlags und auf die Kontraktion der Gefäßmuskeln und ruft ferner eine Zusammenballung der Chromatophoren hervor.

Die Hypophyse oder der Hirnanhang setzt sich aus 3 Teilen zusammen, dem Vorderlappen oder der Orohypophyse (Glandula pituitaria), dem Hinterlappen oder der Neurohypophyse (Pars posterior) und dem zwischen beiden gelegenen Zwischenlappen (Pars intermedia). Alle 3 geben Hormone ab. Allein vom Vorderlappen sind eine Reihe von Wirkstoffen bekannt, die das Wachstum, den Fett- und Kohlehydratstoffwechsel und die Entwicklung der Geschlechtsorgane beeinflussen. Ferner wirken sie auf die Funktion anderer Drüsen (Schilddrüse, Nebennieren Pankreas, Gonaden).

Das vom Zwischenlappen erzeugte Intermedin reguliert die Ausbreitung der Farbzellen in der Haut (z.B. Hochzeitskleid) und hat Einfluß auf den Tonus der Blutkapillaren. Die Wirkstoffe des Hinterlappens rufen ferner eine Steigerung des Blutdrucks, sowie eine Erregung der glatten Darmmuskulatur hervor.

Die Keimdrüsen produzieren nicht nur Geschlechtszellen, sondern auch Hormone, die die Ausbildung der sekundären Geschlechtsmerkmale hervorrufen und eine Regulierung der Geschlechtstätigkeit veranlassen. So wird z.B. in den Hoden das Testikelhormon oder Androsteron ($C_{19}H_{30}O_2$) erzeugt; in den Ovarien das Follikelhormon, Progynon oder Oestron ($C_{18}H_{22}O_2$).

8. Exkretion

Als Harnorgane dienen den Fischen die Urnieren (Mesonephros), die längs der Wirbelsäule liegen und oft vom Kopf bis zum Ende der Leibeshöhle reichen. Die bei allen Fischen embryonal angelegte Kopf- oder Vorniere (Pronephros) wird stets wieder rückgebildet. Nur bei einigen Teleosteern bleibt sie während des ganzen Lebens in Funktion. Der primäre Harnleiter der Vorniere wird von der Urniere als Ausführgang übernommen. Sekundäre Harnleiter (Ureter) zum Ableiten des Harns im kaudalen Nierenbereich können als Abzweigungen des primären Harnleiters auftreten.

Bei den Elasmobranchiern tritt eine Urogenitalverbindung auf, wobei sich der primäre Harnleiter in zwei Kanäle, den Wolffschen und den Müllerschen Gang teilt. Beim Männchen sind der zum Nebenhoden werdende Kopfteil der Urniere und Gonade miteinander verbunden. So fungiert der Wolffsche Gang gleichzeitig als Harnsamenleiter, bei Ausbildung eines sekundären Harnleiters als reiner Samenleiter. Der Müllersche Gang dagegen ist beim Männchen reduziert, sein Reststück ist der sog. Uterus masculinus.

Beim Weibchen ist diese Urogenitalverbindung nicht vorhanden. Als Harnleiter wird der Wolffsche Gang benutzt. Im kaudalen Nierenabschnitt können sekundäre Harnleiter ausgebildet sein. Die stark entwickelten Müllerschen Gänge dienen zum Transport der Eier. Den Knochenfischen fehlt diese Urogenitalverbindung. Ihre rotbraunen langgestreckten Urnieren weisen 2 im Endabschnitt miteinander verschmelzende Harnleiter auf, wobei an der Verbindungsstelle meist eine Harnblase gebildet wird, die hinter dem After nach außen führt. Harn- und Geschlechtsöffnung münden bei den männlichen Teleosteern (mit Ausnahme der Salmoniden) gemeinsam, bei den Weibchen endet der Harnausführgang in einer besonderen Papille hinter der Geschlechtsöffnung.

Bei Elasmobranchiern und Dipnoern liegen Harn- und Genitalöffnungen in der Kloake.

Der Excretstoff Guanin, ein Derivat des Purinkerns ($C_5H_4N_4$), wird bei den Fischen als metallisch glänzende Schicht in der Haut, der Argentea des Auges und im Peritoneum abgelagert.

IX. Die Geschlechtsorgane

Die Fische sind meist getrenntgeschlechtlich und weisen paarige Gonaden auf (entweder Hoden oder Ovarien). Hermaphroditische Arten wie die Teleosteer *Serranus* und *Chrysophris* sind Ausnahmen.

Bei den Salmoniden und Anguilliden gelangen die Eier durch Bruch der Ovarienwand in die Leibeshöhle und werden durch den hinter dem After gelegenen Genitalporus nach außen entleert. Bei den Elasmobranchiern, Dipnoern und vielen Ganoiden nimmt die trichterförmige Öffnung des in der Leibeshöhle beginnenden Müllerschen Ganges die sich vom Ovar lösenden Eier auf und führt sie nach außen. Bei den Teleosteern sind die Ovarien geschlossene Säcke mit Ausführgängen.

Als Samenleiter dient bei den Elasmobranchiern und den Stören ein Teil der Urniere, die Hoden der übrigen

Fische haben dagegen direkte Samenausführgänge. Sowohl die paarigen Eileiter als auch die Samenleiter verschmelzen bei den Teleosteern häufig zu einem unpaaren Gang, wobei die Eileiter zwischen After und Harnleitermündung enden. Die Samenleiter dagegen vereinigen sich (mit Ausnahme der Salmoniden) mit dem Harnblasengang zu dem Urogenitalsinus, der in einem kleinen Vorsprung der Urogenitalpapille mündet. Äußere Geschlechtsorgane fehlen. Nur bei den männlichen Elasmobranchiern und einigen Knochenfischen treten äußere Begattungsorgane in Gestalt von langen knorpligen Anhängen der Bauchflossen auf, bzw. der Afterflosse oder der vergrößerten Urogenitalpapille bei den Teleosteern. Beim Bitterlingsweibchen ist der Porus genitalis zur Laichzeit in eine bis zu 5 cm lange Legeröhre ausgezogen.

Sekundäre Geschlechtsmerkmale bestehen z. B. in der verschiedenen Größe der Geschlechter (♀ größer als ♂, so bei *Alosa* und *Anguilla)*, der Ausbildung der Flossen und der Umbildung der Haut (Perlausschlag) zur Laichzeit.

Sehr verbreitet sind die zur Laichzeit auftretenden Farbänderungen (Hochzeitskleid). Zu den normalen Farben, die jetzt mehr leuchten und glänzen, treten oft, meist bei den Männchen, neue Farben hinzu, z. B. das leuchtende Rot am Bauch vom Stichlingsmännchen. Bei der Zährte *(Abramis vimba)* und der Nase *(Chondrostoma nasus)* zeigen sich schwarze Farbtöne. Ein extremer Fall von Geschlechtsdimorphismus findet sich bei *Ceratias (Pediculati)*. Die zwergartig kleinen Männchen heften sich mit der Mundöffnung am Weibchen fest, so daß sie zeitlebens als Parasiten mit dem Weibchen verwachsen sind.

X. Die Fortpflanzung

Die Laichzeit findet im Jahre meist nur einmal, besonders im Frühling, statt. Viele Salmoniden laichen dagegen im Winter. Beim Hering unterscheidet man je nach der Laichzeit verschiedene Stämme, die im Frühjahr oder im Herbst zur Fortpflanzung kommen.

Beide Geschlechter vereinigen sich zur Laichzeit oft zu großen Schwärmen und suchen geeignete Brutplätze (z.B. Meeresküste oder Flußufer) auf. Fische mit Brutpflege leben während dieser Zeit paarweise zusammen, desgleichen auch Raubfische wie Hecht und Wels.

Die Dauer der Laichzeit ist recht verschieden, da die Eier bei fast allen Fischen nie auf einmal abgegeben werden, sondern in Abständen von einigen Tagen oder sogar Wochen. So hat der Blei eine Laichzeit von 3–4 Tagen, Forelle und Lachs von 8–10 Tagen und der Döbel eine von ungefähr 4 Wochen. Bei vielen Meeresfischen dauert sie sogar mehrere Monate.

Zum Aufsuchen geeigneter Laichplätze werden oft ausgedehnte Wanderungen unternommen (Hering); der Thunfisch legt weite Strecken an der Küste zurück. Bei vielen Arten kommt es sogar zu einem Wechsel zwischen Meer- und Süßwasser, indem z.B. Lachse, Maifische und Störe vom Meer flußaufwärts bis in die Nebenflüsse steigen, wo sie an geschützten Orten ablaichen (anadrome Fische). Der im Süßwasser lebende Aal dagegen zieht zur Fortpflanzungszeit ins Meer (katadrome Fische).

Brackwasserfische wie Stint, Zährte und Ziege wandern zum Laichen ins Süßwasser.

Aber auch reine Süßwasserfische führen Wanderungen aus, wobei es aber schwer ist, zwischen Stand- und Wanderfischen scharf zu trennen. Flußbewohner ziehen mehr in den Oberlauf, Fische der Binnenseen schwimmen in die einmündenden Gewässer. Äsche, Karausche und Schleie gehören z.B. zu den Standfischen; Plötze, Barbe und Blei zu den Wanderfischen.

Es lassen sich 3 verschiedene Arten der Fortpflanzung unterscheiden.

1. Bei den lebendgebärenden Fischen findet eine innere Befruchtung statt. Die Embryonen entwickeln sich in dem erweiterten Abschnitt des Eileiters, der hier als Uterus dient, z.B. beim Dornhai *(Acanthias)*, bei der Aalmutter *(Zoarces)* und bei vielen Cyprinodonten.

2. Bei der Haigattung *Scyllium*, den meisten Rochen und den Chimaeren werden nach einer inneren Befruchtung große mit einer hornigen Schale versehene Eier abgelegt. Die Entwicklung findet nicht im mütterlichen Körper statt.

3. Bei den meisten Knochenfischen tritt äußere Befruchtung auf, wobei Eier und Samen ins Wasser ausgestoßen werden. Der Befruchtung gehen Liebesspiele voraus, die sich artlich sehr unterscheiden. Sie bestehen beim Männchen u.a. im Spreizen der Flossen und im Treiben des Weibchens. Oftmals legen sich beide Geschlechter mit den Körperseiten zusammen, wobei sich die Seiten und der Bauch aneinander reiben.

Auch bei der eigentlichen Befruchtung verhalten sich die einzelnen Arten verschieden. In der einfachsten Form nähern die Fische nur ihre Pori genitales. Manche Cypriniden springen beim Laichakt über die Wasseroberfläche. *Coregonus*-Arten springen paarweise über Wasser, wobei sie sich unter gleichzeitiger Abgabe von Eiern und Samen den Bauch zukehren. Diese Beispiele lassen sich beliebig vermehren.

Bei den Knochenfischen sinken die Eier nach der Ablage entweder zu Boden, wo sie liegenbleiben oder an Steinen und Pflanzen festkleben (demersale oder festsitzende Eier) oder aber sie treiben planktonisch im Wasser. Fast alle Süßwasserfische sowie der Hering haben demersale Eier, während die der meisten Meeresfische planktonisch sind.

Die Eierproduktion der Fische kann riesige Ausmaße annehmen. Ein Störweibchen bringt es auf 3—6 Millionen Eier im Jahr, die Quappe auf 1 Million. Der Karpfen legt 200000—700000 Eier, der Flußbarsch 200000—300000; der Lachs dagegen nur 10000—40000, der Hering 30000, die Ellritze 700—1000 und der Stichling 70—100. Einige Arten bringen ihre Eier in einer Laichgrube oder in einem Nest unter. Das Lachsweibchen wühlt eine Grube, in der die Eier nach der Ablage mit Kies zugedeckt werden. Beim Schwarz- und Forellenbarsch (*Micropterus dolo-*

mieu Lac. und *M. salmoides* Lac.) sind Laichgruben bis zu 1 m Durchmesser beobachtet worden.

Brutpflege kommt bei vielen Fischen vor und ist besonders vom Stichlingsmännchen bekannt, das zur Unterbringung der Eier ein Nest aus Pflanzenteilen baut. Ähnlich verhalten sich manche Lippfische. Die Pflege besteht hauptsächlich im Bewachen der Eier gegen Laichräuber und im Zufächeln von sauerstoffreichem Frischwasser. Nach dem Ausschlüpfen hält das ♂ die Jungen noch 8–10 Tage zusammen und verteidigt sie.

Bei den Seenadeln werden die Eier nach der Ablage vom ♀ in einer ventral gelegenen Bruttasche des Männchens festgeheftet. Es entsteht dann eine enge Verbindung zwischen Embryo und ♂.

Auch bei dem südamerikanischen *Aspredo* bildet sich eine Dottersackplacenta; hier dagegen beim Weibchen, das die Eier am Bauch, an den paarigen Flossen und an der Unterseite des Kopfes trägt. Beim Weibchen von *Solenostoma* aus dem Indischen Ozean bilden die großen Bauchflossen durch Verwachsung mit der Körperhaut eine Tasche zur Aufnahme der Eier.

Die Weibchen mancher Süßwassercichliden und die Männchen einiger Welse, nehmen die Eier zum Schutze ins Maul, die Jungen schlüpfen in der Mundhöhle.

XI. Die Entwicklung

Die Eier der einzelnen Arten zeigen hinsichtlich der Größe und Form ziemliche Unterschiede. Bei den Elasmobranchiern sind die Eier mehrere Zentimeter lang und besitzen bei den Arten, die ablaichen, eine hornartige Schale. An dieser befinden sich rankenartige Fortsätze, die sich an Pflanzen festhaken. Die viel kleineren Eier der Teleosteer erreichen beim Lachs einen Durchmesser von 5 bis 7 mm, beim Hering 1 mm und beim Stint nur $^3/_4$ mm. Nach dem Ablaichen vergrößern die Eier ihr Volumen, in dem sie durch Wassereintritt aufquellen, wobei das Wasser durch die Poren der das Ei umgebenden Zona radiata eintritt. Es entsteht auf diese Weise eine Wasserschicht zwischen Zona und Dotter. So vergrößert sich z.B. der Durchmesser eines *Alosa*-Eies von 1,5 auf 4,5 mm. Bei der Befruchtung dringt das Sperma durch eine kleine Öffnung (Mikropyle) der äußeren Eihülle ein, die sich nach vollzogener Befruchtung sofort schließt.

In der Regel ist eine Mikropyle vorhanden, nur der Stör besitzt einen Mikropylen-Apparat mit 5–13 Kanälen. Das Sperma der Fische hat nur eine kurze Lebensdauer von durchschnittlich 1–2 Minuten, beim Hecht 5 Minuten und bei der Forelle nur 30 Sekunden.

Die Furchung der meist dotterreichen Eier verläuft discoidal, dagegen inaequal bei den dotterarmen Eiern der Ganoiden und Dipnoer.

Der in den Eiern befindliche Dotter wird von den sich entwickelnden Keimen bis zum Schlüpfen aus der Eihaut als Nahrung benutzt. Der Embryo der Elasmobranchier ist während der Entwicklung nur durch einen kurzen Strang mit dem Dotter verbunden. Bei den Teleosteern dagegen hängt der Keim innig mit dem Dottersack zusammen. Auch beim Schlüpfen aus der Eikapsel zeigen sich wesentliche Unterschiede. Der junge Elasmobranchier ähnelt in der Gestalt vollkommen dem erwachsenen Tier und durchläuft nie eine Metamorphose. Der Teleosteer hat meist noch den Dottersack und macht frei im Wasser schwimmend ein Larvenstadium durch, das bis zur Resorption des Dotters dauert (bei den Clupeiden 3 Wochen) (Abb. 25). Als Ausnahme gelten hier die lebendgebärenden Fische und die Syngnathiden, bei denen der Jungfisch beim Schlüpfen voll entwickelt sein kann.

Das Schlüpfen der Jungfische geht bei fast allen Cypriniden und Perciden nach 1–2 Wochen vor sich. *Alosa* benötigt nur 3–4 Tage, der Stör 5 Tage. Die Salmoniden aber brauchen viel länger (2–4 Wochen bei der Äsche, 4 bis 6 Wochen beim Stint). Bei den Arten der Gattung *Salmo* dauert die Entwicklung 2–5 Monate.

Besonders stark weichen z.B. die Jungfische des Aals und der Flunder vom erwachsenen Fisch ab (Aallarve siehe systematischer Teil). Die Larve der Flunder ist noch symmetrisch gebaut, die Lage der beiden Augen ist nor-

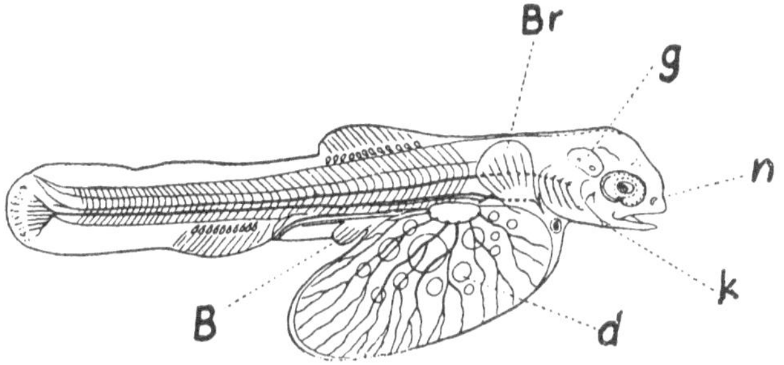

Abb. 25. Junge Forelle, 6 Tage nach dem Ausschlüpfen; 5 mal vergrößert. (Nach Ziegler.) *Br* Brustflossen; *B* Bauchflossen; *d* Dottersack mit Öltropfen und auf der Oberfläche sich verzweigenden Blutgefäßen; *g* Anlage des Gehörorgans, davor das Auge; *k* erster Kiemenbogen; *n* rechte Nasengrube. — (Nach Rauther: Fische, Sammlung Göschen, S. 55.)

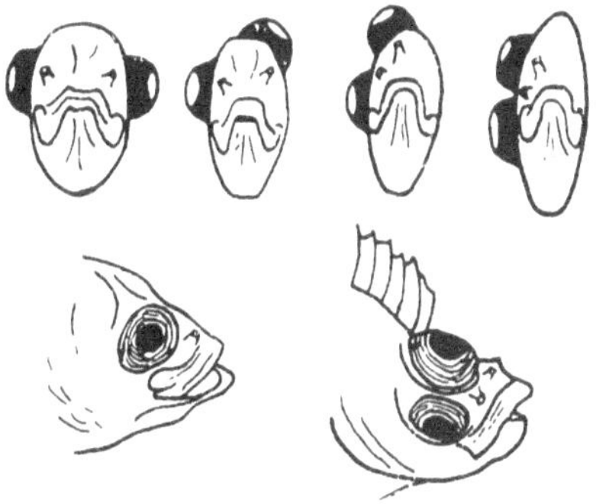

Abb. 26. Veränderung der Augenstellung von *Pleuronectes flesus* L. während des Wachstums. — Oben: einige Stadien von vorn; unten: von der Seite. (Nach Beneke aus Remane.)

mal, und sie schwimmt aufrecht im Wasser. Bei der Weiterentwicklung zum Bodenfisch legt sich der Jungfisch auf die Seite, worauf das untenliegende Auge über die Rückenseite des Kopfes auf die andere Körperseite wandert (Abb. 26). Die Larven der Ganoiden und Dipnoer sind meist im Besitz von z. T. äußeren Kiemen und von Haftapparaten (Abb. 27). Auch *Gymnarchus* und *Heterotis* haben äußere larvale Kiemenfäden. Haftapparate treten ferner bei afrikanischen Characiniden auf.

Bei den anadrom wandernden Arten schwimmen die Jungfische nach einiger Zeit ins Meer zurück, wobei *Alosa* schon im Herbst nach dem Schlüpfen abwandert. Stör

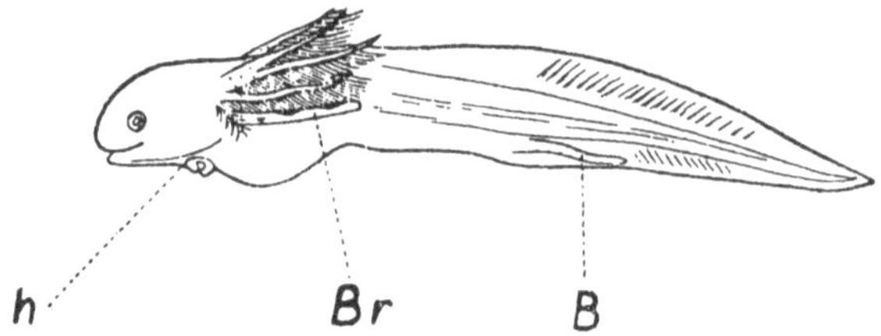

Abb. 27. Larve von *Protopterus* 17 Tage nach dem Ausschlüpfen. (Nach Budgett.) *Br* Brustflossen, darüber die kammförmigen äußeren Kiemen; *B* Bauchflosse; *h* bruststäniges Haftorgan. (Nach Rauther: Fische, Sammlung Göschen, S. 124.)

und Lachs dagegen halten sich oft noch 2 Jahre im Süßwasser auf.

Die Geschlechtsreife tritt meist im 3.–4., zuweilen erst im 5. Lebensjahr ein; beim Stint und Stichling bereits im 2. Der lange Zeit im Süßwasser lebende Aal wird sehr spät geschlechtsreif (♂♂ im 7.–10., ♀♀ im 9.–12. Jahr).

XII. Zeitliche und räumliche Verbreitung der Fische

Fossile Fischreste treten fast in allen geologischen Formationen auf. Die ältesten stammen aus kambrischen Schichten der Rocky Mountains; doch fanden sich hier nur Muskelabdrücke und einige Schuppen. Besser erhalten sind Funde aus dem Silur von Kanada, Schottland und Norwegen. Die im Paläozoikum vorkommenden Fische gehörten den Selachiern, Dipnoern und Ganoiden an. Eigenartig gepanzerte Formen *(Placodermi)* sind aus dem Obersilur und dem Devon bekannt. Von der heute vorherrschenden Gruppe der Teleosteer sind die ersten Arten aus der Trias überliefert und nehmen vom Jura ab an Mannigfaltigkeit und Artenreichtum zu. Aus dem Tertiär Europas kennen wir fossile Arten von heute lebenden Gattungen. So sind im Eozän Aal und Siluriden vorhanden, der Hecht kommt bereits im Oligozän vor und im Miozän treten Cypriniden dazu, z.B. *Leuciscus*, *Tinca*, *Rhodeus*, *Barbus* usw.

Fische leben in allen Meeren und Binnengewässern der Erde. Ihre Verbreitungsgrenzen werden z.B. durch geographische, geologische, ozeanographische, chemische und Klimaeinflüsse (Temperatur) bestimmt. Reich und mannigfaltig ist die Fischfauna der Meeresküsten. Eine andere Gruppe ist an das Leben im freien Ozean oder in der Tiefsee angepaßt. Die Süßwasserfische bewohnen Flüsse, Seen, Bäche usw. und kommen in Gebirgen bis zu 4000 m Höhe vor (Cyprinodonten Südamerikas). Sie finden sich aber auch in warmen Quellen und in salzhaltigen abflußlosen Seen. In der salzarmen Ostsee und im Brackwasser leben sowohl Meeres- als auch Süßwasserfische.

Die Verbreitung der einzelnen Arten ist im systematischen Teil erwähnt.

B. ÜBERBLICK ÜBER DAS SYSTEM DER FISCHE

Die anschließende Übersicht folgt im wesentlichen der von N. B. Marshall und G. Palmer im Zoological Record von 1946 und der von I. R. Norman vertretenen Systematik. Einige weniger wichtige Familien und Gattungen sind fortgelassen.

I. Klasse: *Elasmobranchii (= Selachii)*

Körper spindelförmig bis abgeflacht; Skelett knorpelig (z.T. verkalkt). 5—7 äußere Kiemenspalten. Oberkiefergaumenapparat nicht mit dem Schädel verwachsen. Mund fast stets ventral. Meist Placoidschuppen. ♂ mit aus den B gebildetem Begattungsorgan.

1. Unterklasse: *Euselachii*

umfaßt die Haie und die Rochen.

1. Ordnung: *Pleurotremata*, Haie

Schlank, spindelförmig. Vorderrand der Br nicht mit dem Körper verbunden. Meist 5 Kiemenspalten. Meeresbewohner, nur wenige Arten in den Mündungen größerer Flüsse Amerikas und Indiens.

1. Familie: *Hexanchidae* (= *Notidanidae*), Grauhaie; At-

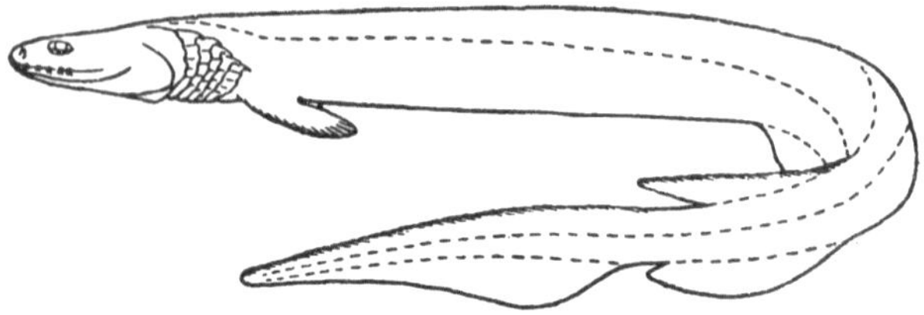

Abb. 28. *Chlamydoselachus*. — (Nach Rauther: Fische, Sammlung Göschen S. 129, Fig. 35.)

lantik, Mittelmeer. 6 oder 7 Kiemenspalten. Kleine Spritzlöcher. Lebendgebärend. — *Hexanchus (Notidanus) griseus* Gmel., 6 Kiemenspalten, bis 4 m lang. *Heptanchus cinereus* Gmel., 7 Kiemenspalten.

2. Familie: *Chlamydoselachidae*, Japan, auch Madeira und Norwegen. Aalförmiger Körper, Mund endständig, 6 Kiemenspalten. — *Chlamydoselachus anguineus* Grmn., altertümliche Tiefseeform (Abb. 28).

Die beiden Familien stellen die primitivsten lebenden Haie dar.

3. Familie: *Scylliorhinidae* (= *Scylliidae*), Hundshaie. Atlantik, Mittelmeer. Kleinere Arten, vielfach in Küstengewässern. Kleine Zähne und Kiemenöffnungen; mit Spritzloch. Eierlegend. — *Scylliorhinus (Scyllium) canicula* L., Kleiner Katzenhai, Mittelmeer, SW- und W-Küsten Europas häufig. 40—70 cm, rötlich mit brauner Fleckung. ♀ legt etwa 20 hornschalige Eier.

Scylliorhinus stellaris L. (= *Scyllium catulus* Cuv.) großer Katzenhai, gleiche Verbreitung. Bis 1 m, seltener als der kleine Katzenhai. Bevorzugt tieferen felsigen oder auch mit Algen bewachsenen Grund. *Pristiurus melanostomus* Bp., Fleckhai oder Sägeschwanz. 80—90 cm langer Hai, der bis in die norwegischen Fjorde geht. Bevorzugt Tiefen von 180 bis 400 m.

4. Familie: *Heterodontidae* (= *Cestracionidae*), Indischer Ozean. Breite pflasterförmige Zähne, Molluskenfresser. — *Heterodontus (Cestracion) philippi* Blainv., bis 1,5 m.

5. Familie: *Carchariidae (Carcharinidae)*. Kosmopoliten, Spritzlöcher klein, oft fehlend. Augen mit Nickhaut. Lebendgebärend. — *Carcharias glaucus* L., Blauhai, Menschenhai. In tropischen und gemäßigten Meeren (bis in die dänischen Gewässer und selten westliche Ostsee). Körper blaugrau, Unterseite weiß. Bis 4 m. *Mustelus (Galeus) laevis* Risso, Mittelmeer. Der glatte Hai des Aristoteles mit Dottersackplacenta. *Mustelus vulgaris* Müll. und Henle, Glatthai. Atlantik, Mittelmeer, südliche Nordsee (Helgoland). Keine Placentabildung. Beide Arten lieben Küstennähe, haben pflastersteinähnliche Zähne und nähren sich von Krebsen und Weichtieren. *Galeus canis* Bp., Hundshai. Atlantik, Mittelmeer. Stahlgrau. Bis 1½ m, Grundfisch. *Sphyrna zygaena*, L., *(Zygaena malleus* Val.), Hammerhai. In warmen Meeren. Kopf hammerähnlich. Augen am Rand der seitlichen Kopfverlängerungen, Nickhaut und Spritzlöcher fehlen, bis 4 m. Lebendgebärend.

6. Familie: *Lamnidae*, Riesenhaie. Atlantik, Mittelmeer. Kleine Spritzlöcher, oft fehlend. Ohne Nickhaut. Weite Kiemenspalten. Lebendgebärend. — *Lamna cornubica* Gmel., Heringshai. Atlantik, Mittelmeer. Geht in der Nordsee bis in die Flußmündungen, in der Ostsee bis zu den Aalandsinseln. Lebt gesellig, nährt sich von Fischen. *Carcharodon carcharidas* L. *(rondeleti* M. H.), tropische und subtropische Meere. 10 bis 12 m. *Alopecias vulpes* Gmel., Fuchshai, weit verbreitet, bis 5 m. Gewicht bis 300 kg. Lebt von Heringen, Sprotten usw. *Cetorhinus (Selache) maxima* Gunn., Riesenhai, Nordatlantik, Südpazifik. 10—12 m. Lebt gesellig, ernährt sich von kleinen Meerestieren und Fischen (Kiemenreuse). Lebendgebärend, über die Fortpflanzung selbst nur wenig bekannt.

7. Familie: *Rhinodontidae* (= *Orectolobidae*), Rauhaie. Pazifik. Kleine Spritzlöcher, Nickhaut fehlt. Mund fast endständig. — *Rhineodon (Rhinodon) typicus* Smith, in der Südsee, bis 17 m lang. Mit Kiemenreusen, Nahrung nur kleinere Tiere.

8. Familie: *Spinacidae (= Squalidae)*. Atlantik, Mittelmeer. Kiemenspalten eng, Nickhaut fehlt, Spritzlöcher vorhanden.— *Acanthias vulgaris* Risso (= *Squalus acanthias* L.) Dornhai. Alle Meere, auch Nordsee, selten in der Ostsee (bis Ostküste Rügens). Tritt in Scharen auf, bis 1 m. Lebt von Fischen, ist ovovivipar. Wird gegessen (Abb. 29).— *Spinax niger* Cloquet, schwarzer Dornhai. Kleinster nordatlantischer Hai (45cm), tiefschwarz. Lebt in Schwärmen im tieferen Wasser (ab 125 m). Lebendgebärend. — *Laemargus borealis* Gthr. (= *Somniosus microcephalus* Bl.), Eishai. Arktische Meere und Nordsee. Körper ziemlich gedrungen. Fisch eßbar. Fortpflanzung fast völlig unbekannt. — *Pristiophorus*, Sägehaie. Einige Arten

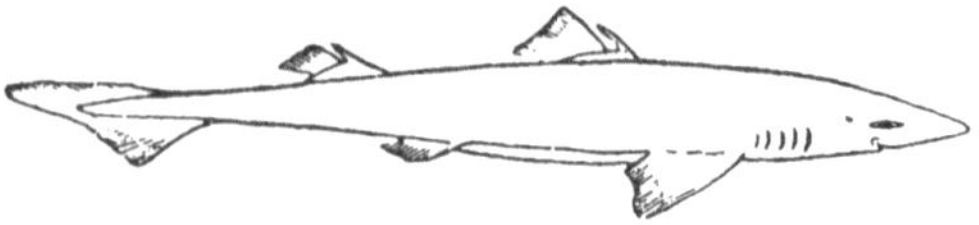

Abb. 29. *Acanthias vulgaris* Risso, Dornhai. — (Nach Rauther: Fische, Sammlung Göschen, S. 133, Fig. 36.)

in japanischen und australischen Meeren. Rostrum zu einem flachen Blatt stark verlängert, auf jeder Seite mit Zähnen besetzt. Arten sind kleiner als die leicht mit ihnen zu verwechselnden Sägerochen.

9. Familie: *Rhinidae (= Squatinidae)*, Meerengel. Kosmopoliten. Bilden durch dorsoventrale Abplattung des Körpers den Übergang zu den Rochen. Die sehr breiten Br nicht mit den Seiten des Kopfes verwachsen. Spritzlöcher halbmondförmig. Lebendgebärend.— *Rhina (Squatina) squatina* L., bis 2,5 m.

2. Ordnung: *Hypotremata*, Rochen

Körper abgeflacht, scheibenförmig. Br stark verbreitert und meist mit dem Kopf verbunden. Schlanker vom Körper abgesetzter Schwanz. Ventral liegende Kiemenspalten. Große halbmondförmige Spritzlöcher. Meist Küstenformen.

1. Familie: *Pristidae*, Sägerochen. Atlantik, Mittelmeer. Br nicht bis zum Kopf reichend. Rostrum lang ausgezogen und mit Zähnen besetzt (ähnlich den Sägehaien). — *Pristis pristis* L. *(antiquorum* Lath.), Sägefisch.

2. Familie: *Rhinobatidae*. Mittelmeer, tropische und subtropische Meere. Haiähnlich, Schwanz mit seitlichen Hautfalten.— *Rhinobatus rhinobatus* Bl., Schn., Indischer Ozean.

3. Familie: *Rajidae*. Atlantik, Mittelmeer. Körper breit, scheibenförmig. Br reichen vom Rostrum bis zur Schwanzwurzel. Schwanz mit seitlichen Längsfalten. Hautzähnchen. Einige Arten besitzen elektrische Organe. Unterteilung in a) stumpf- und b) spitzschnäuzige Rochen.

a) *Raja clavata* L., Keulenroche. Europäische Küsten, selten westliche Ostsee. Oft im flachen Wasser (Wattenmeer) und Flußmündungen. Häufiges Auftreten. Name von den großen Klammerorganen des ♂. ♀ legt Eier (Abb. 30). — *Raja radiata*

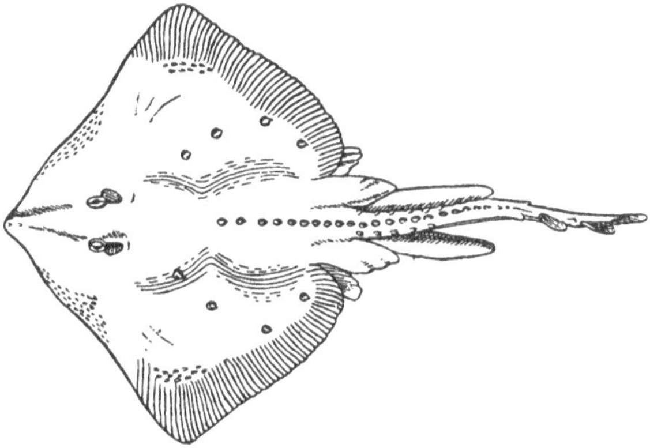

Abb. 30. *Raja clavata* L., Keulenroche ♂. — (Nach Rauther: Fische, Sammlung Göschen, S. 136, Fig. 37.)

Donov., Sternroche. Nordatlantik. Schnauze stumpfwinklig, Körperscheibe fast rund.

b) *Raja batis* L., Glattroche. Atlantik. Sehr häufig. Wirtschaftlich äußerst wichtig, größter Rochen der nordischen Meere. Bis $2\frac{1}{2}$ m. Gewicht bis 75 kg. Graue gelbliche Oberseite, oft mit helleren und dunkleren Flecken. Geht bis in 500 m Tiefe, im Frühling und Sommer im flachen Küstenwasser.

4. Familie: *Torpedinidae*, Zitterrochen. Breiter Körper mit kurzem dickem Schwanz. Haut nackt. Elektrisches Organ zwischen Br und Kopf. — *Torpedo marmorata* Risso. Atlantik, Mittelmeer, Indischer Ozean. Körper weißlich und braun marmoriert. Bis 1,50 m.

5. Familie: *Trygonidae* (= *Dasyatidae*), Stechrochen. Weit verbreitet. Rumpf durch die mächtig ausgedehnten Br breiter als lang. Peitschenförmiger Schwanz mit dorsalem Giftstachel. — *Trygon (Dasyatis) pastinaca* L., Kosmopolit. Bis 2,5 m lang und 1,5 m breit. Ovovivipar. Im Sommer im sehr flachen Wasser.

6. Familie: *Myliobatidae*, Adlerrochen. Kosmopoliten. Große Arten mit breiter Körperscheibe und sehr langem peitschenförmigen Schwanz. 1—2 Stacheln hinter der R. Lebendgebärend. — *Myliobatis aquila* L., bis 1,5 m. Einförmig braun gefärbt. *Dicerobatis Giornae* Cuv., Teufelsrochen. Mittelmeer. Bis 4 m lang, Gewicht 600 kg (Angaben nach Risso aus Günther).

2. Unterklasse: *Holocephali*,

hierher gehört die nur wenige Gattungen enthaltende Familie der *Chimaeridae*, Seekatzen.

Ordnung: *Holocephala*

Skelett knorpelig. Oberkiefergaumenapparat mit dem Schädel verwachsen. Ein knorpliger Kiemendeckel verdeckt die 5 Kiemenspalten. Spritzlöcher fehlen. Haut nackt, nur Jungtiere besitzen eine Reihe kleiner Placoidzähne. ♂ mit Begattungsorgan wie bei den Selachiern.

Familie: *Chimaeridae*, Seekatzen. Atlantik, Mittelmeer, Pazifik. Dicker Kopf mit kleiner Mundöffnung und großen Augen, vor denen beim ♂ ein beweglicher mit Dornen besetzter Anhang liegt. Sehr lange und niedrige R_2. Dünn und lang ausgezogener Schwanz (diphycerk). Stark ausgeprägte Seitenlinien, z.T. offene Schleimkanäle (Abb. 31). — *Chimaera mon-*

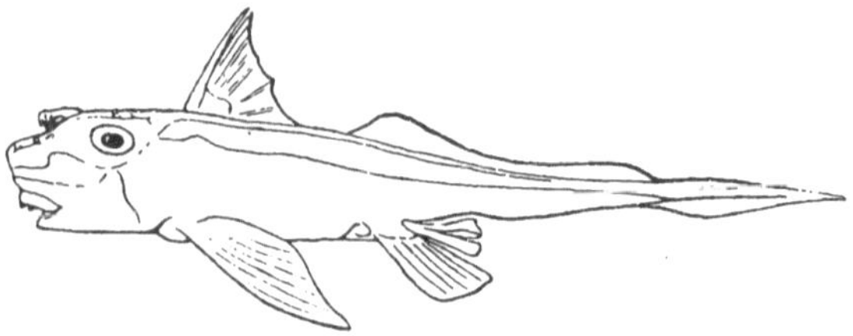

Abb. 31. *Chimaera Colliei*, ♂. — (Nach Rauther: Fische, Sammlung Göschen, S. 127, Fig. 34.)

strosa L., bis 1 m lang. Oberseite bräunlich marmoriert, Bauch weiß. ♀ legt hornschalige braune — olivgrüne Eier. *Callorhynchus callorhynchus* L. *(antarcticus* Lac.), Südsee. Schnauze läuft in einen Fortsatz aus, der einen Hautlappen trägt.

II. Klasse: *Pisces* [im engeren Sinne] *(= Teleostomi)*

Skelett knorplig *(Palaeopterygii* und *Neopterygii)*, sonst knöchern. Meist 4 Paar Kiemen. Kiemenspalten vom Kiemendeckel bedeckt. Vollständiger Oberkieferapparat. Mund endständig, Geruchsorgan vor den Augen gelegen. Haut mit Schuppen (Ganoid-, Cycloid- oder Ctenoidschuppen). Schwimmblase fast immer vorhanden.

1. Unterklasse: *Palaeopterygii*

Im Palaeozoikum und Mesozoikum sehr verbreitet. Heute nur wenige Vertreter.

1. Ordnung: *Cladistia*

Skelett knöchern; diphycerke S. Br und B mit beschupptem Schaft. R in viele kleine Flossen aufgelöst. Körper trägt rhombische Ganoidschuppen. 2 Spritzlöcher. Nebenkieme fehlt. Spiralfalte im Darm.

Familie: *Polypteridae*, Flösselhechte. In Flüssen des tropischen Afrika. Bevorzugen schlammigen Untergrund. Die Lar-

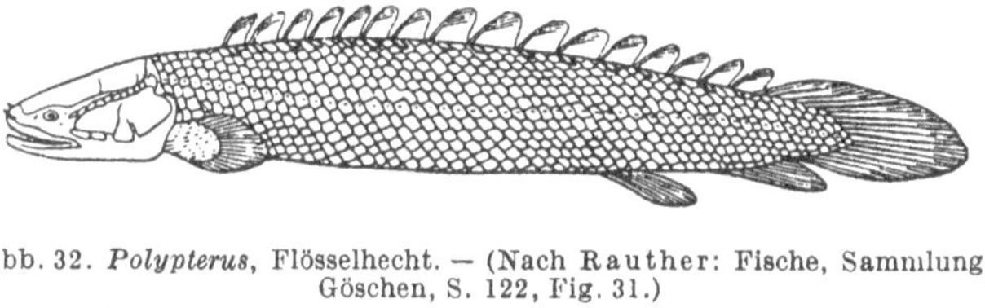

Abb. 32. *Polypterus*, Flösselhecht. — (Nach Rauther: Fische, Sammlung Göschen, S. 122, Fig. 31.)

ven von *Polypterus* tragen große gefiederte Außenkiemen. Vor dem Munde liegt außerdem ein Haftorgan (Abb. 32). — *Polypterus bichir* Geoffr., im Nil und Senegal. — *Polypterus senegalensis* Cuv., Nil, Senegal und Niger. — *Calamoichthys calabaricus* J. A. Sm., Westafrika. Körper aalartig, B fehlen.

2. Ordnung: *Chondroganoidea (Chondrostei)*, Knorpelganoiden

Skelett knorpelig, Kopf in ein Rostrum ausgezogen. Mund liegt ventral. Heterocerke S mit stachelartigen Schindeln (Fulcra) am Vorderrande. Schwimmblase vorhanden, meist auch Spritzlöcher. Haut nackt oder mit Knochenplatten. Spiralfalte im Mitteldarm.

1. Familie: *Acipenseridae*, Störe. Bewohner der Nordhemisphäre. Einige Arten im Süßwasser, alle anderen sind marin und wandern zum Ablaichen flußaufwärts. Der schlanke Körper weist 5 Längsreihen von großen Knochenplatten auf. An der Unterseite des Rostrums 4 Barteln in Querreihe. Kleiner zahnloser und vorstülpbarer Mund. Kopf durch Hautknochen vollständig gepanzert. Bevorzugt weichen Untergrund, dessen Bewohner als Nahrung dienen, z.B. Krebse, Würmer, Weichtiere, auch Fische *(Ammodytes)*. — *Acipenser sturio* L., Stör. Atlantik, Küsten von Westeuropa und Nordamerika. Bis 6 m. — *Acipenser ruthenus* L., Sterlet. Schwarzes und Kaspisches Meer. Geht zur Laichzeit weit flußaufwärts (in der Donau bis Ulm). Wird bis 1 m groß. — *Acipenser naccari* Bp., Adria. — *Huso huso* L., Hausen. Im Schwarzen und Kaspischen Meer. Wird als größte Art bis 9 m lang. Die Störe haben durch den zu Kaviar verarbeiteten Rogen als auch durch ihr Fleisch große wirtschaftliche Bedeutung. Der Kaviar wird aus den noch nicht legereifen Eiern besonders des Hausens gewonnen. Die Störe sind außerordentlich fruchtbar, 1♀ von *A. sturio* produziert bis zu 5 700 000 Eier im Jahr. Die durch das Fehlen von Spritzlöchern abweichende Gattung *Scaphirhynchus* nur im Süßwasser, z.B. *Sc. platyrhynchus* Raf. aus dem Mississippi.

2. Familie: *Polyodontidae*, Löffelstöre. In Flüssen Nordamerikas und Chinas. Haut nackt, z.T. mit kleinen sternförmigen Verknöcherungen. Rostrum flach, lang ausgezogen. Kiefer mit vielen kleinen Zähnchen. Spritzlöcher vorhanden; Barteln und Kiemendeckelkieme fehlen. — *Polyodon (Spatularia) spa-*

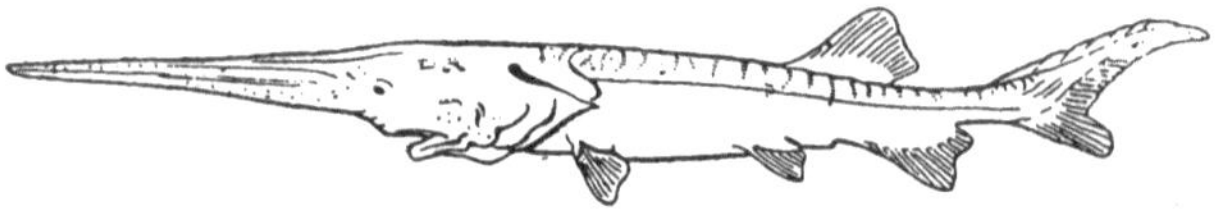

Abb. 33. *Psephurus gladius* Marts. — (Nach Rauther: Fische, Sammlung Göschen, S. 121, Fig. 30.)

thula Walb., Löffelstör. Flüsse des südlichen Nordamerikas. Bis 2 m lang. *Psephurus gladius* Marts. im Jangtsekiang und Hoangho, wird bis 6 m (Abb. 33). Beide Arten leben in Gewässern mit schlammigem Untergrund und besitzen beide dichte Kiemenreusen.

2. Unterklasse: *Neopterygii*,

sie hat ihren Ursprung im Perm und vereinigt die Mehrzahl der recenten Fische in 31 Ordnungen mit zusammen ungefähr 15 000 Arten.

1. Ordnung:
Protospondyli (Cycloganoidea)

Skelett knöchern. Körper mit Cycloidschuppen. Heterocerker Schwanz, Fulcra fehlen. Zwischen den Unterkieferästen liegt eine große Kehl-(Jugular-)platte. Opercularkieme und Spritzloch nicht vorhanden. Schwimmblase lungenähnlich.

Familie: *Amiidae*. Nur eine Art: *Amia calva* L., Kahlhecht. Im Süßwasser Nordamerikas. Als Nahrung dienen Insekten, Krebse und Fische. Zur Laichzeit baut der Fisch ein Nest im flachen Wasser. Brutpflege des ♂. Die Larven besitzen einen großen Dottersack und eine vor dem Munde befindliche Saugscheibe.

2. Ordnung:
Ginglymodi (Rhomboganoidea)

Knöchernes Skelett. Körper trägt rhombische Ganoidschuppen. Heterocerke S. Fulcra am Vorderrand der Flossen. Schwimmblase lungenartig. Nebenkieme vorhanden. Keine Spritzlöcher. Spiralfalte rückgebildet.

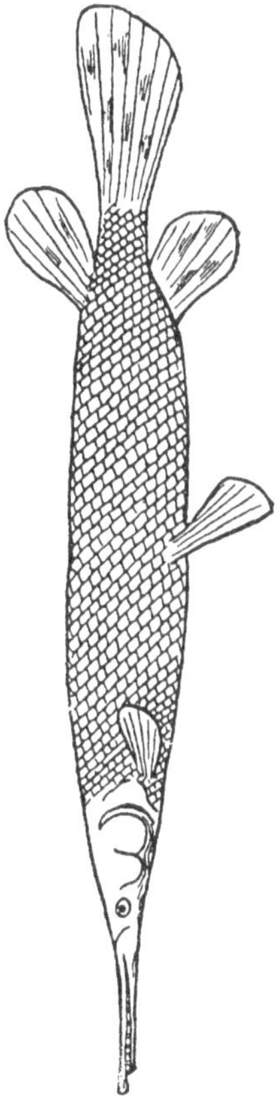

Abb. 34. *Lepisosteus platystomus* Raf. — (Nach Rauther: Fische, Sammlung Göschen, S. 118, Fig. 29.)

Familie: *Lepisosteidae*, Knochenhechte. Binnengewässer

Nordamerikas. Langer hechtförmiger Körper mit verlängerten Kiefern und vielen kegelförmigen Zähnen. Raubfische. — *Lepisosteus (Lepidosteus) osseus* L., Knochenhecht. *Lepisosteus platystomus* Raf. (Abb. 34). Jungfische ähnlich wie bei *Amia* mit Haftscheibe und Dottersack.

Die folgenden Ordnungen wurden früher als Knochenfische *(Teleostei)* zusammengefaßt. Diese Einteilung kommt in der neueren Systematik nicht mehr zur Anwendung und gilt als überholt.

3. Ordnung: *Isospondyli (Malacopterygii)*

Haut selten nackt, meist mit Cycloid- oder Ctenoidschuppen. Spritzlöcher, Spiralfalte und Webersche Knöchelchen fehlen. Schwimmblase in Kommunikation mit dem Darm. Flossen ohne Stacheln. Im Schultergürtel tritt ein Spangenstück (Mesocoracoid) auf.

1. Familie: *Elopidae.* Tropische und subtropische Meere. Mit knöcherner Kehlplatte. Larven ähnlich der Aallarve *(Leptocephalus).* — *Elops saurus* L., tropische Meere.

2. Familie: *Albulidae.* Besitzen als Ausnahme einen Conus arteriosus mit 2 Klappenreihen. Larven wie vorige. — *Albula vulpes* L., in Küstennähe der tropischen und subtropischen Meere.

3. Familie: *Clupeidae,* Heringe. Vorwiegend marin, einige Arten im Süßwasser. Kopf nackt, Körper mit dünnen, großen Schuppen. — *Clupea harengus* L., Hering. Nordische Meere. 20—35 cm lang. Art spaltet in viele Rassen auf, die nach Laichzeit (Frühjahr und Herbst) und Aufenthaltsort unterschieden werden.

In der östlichen Ostsee tritt als Lokalform der Strömling auf, der etwas kleiner ist als der Nordseehering. *Clupea sprattus* L., Sprotte. Nord- und Ostsee. Länge 12—15 cm. Auch mehrere Rassen. Laicht ähnlich wie der Hering. — *Cl. pilchardus* Walb., Sardine. Küsten Südeuropas und im Mittelmeer. 15—25 cm. — *Cl. alosa* L., Alse, Maifisch. Küsten Europas. Wandert zum Laichen in die Flüsse (im Rhein bis Basel). — *Cl. pallasi* C. und V., Pazifik, von Japan bis Amerika. — *Engraulis encrasicholus* L., Anchovis, Sardelle. Mittelmeer, westeuropäische Küste. Die Clupeiden ernähren sich fast alle vom Plankton, wobei sie Copepoden, Schizopoden und Amphipoden bevorzugen, sie gehen aber auch an Würmer und Jungfische. Viele Arten unternehmen ausgedehnte Wanderungen (wie z.B.

der norwegische Hering, ein Frühjahrslaicher), deren Kenntnis für die örtliche Fischerei von großer Bedeutung ist.

4. Familie: *Alepocephalidae*. Fast nur Tiefseebewohner von schwarzer Färbung mit schwach verknöchertem Skelett. Ohne Schwimmblase. — *Alepocephalus rostratus* Risso, Mittelmeer.

5. Familie: *Stomiatidae*. Ebenfalls Tiefseefische mit großen Mäulern und starker Bezahnung. Zuweilen große Teleskopaugen, Leuchtorgane. Br häufig rückgebildet, oft fehlend. B in der Regel weit hinten sitzend. — *Stomias boa* Risso, Mittelmeer, Atlantik und Pazifik (Abb. 35). Langgestreckter Körper

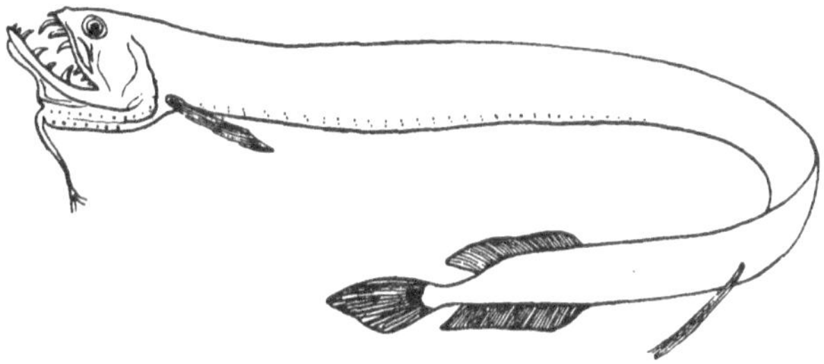

Abb. 35. *Stomias boa* Risso. — (Nach Günther.)

mit zarten Schuppen. Bartfaden in der Zungenbeinregion. Leuchtorgane in Längsreihen an Kopf und Rumpf. — *Astronesthes niger* Rich., Atlantik. Mit Fettflosse, Bartel und Leuchtorganen vor den Augen. — *Chauliodus sloanei* Bl., Schn., Atlantik, Mittelmeer, Indischer Ozean. Mit Fettflosse. Leuchtorgane in Reihen an der Unterseite von Kopf, Körper und Schwanz.

6. Familie: *Sternoptychidae*. Tiefseeformen mit schlankem oder kurzem und hohem, seitlich zusammengedrücktem Körper. Haut nackt oder zarte Schuppen tragend. Fettflosse vorhanden. Bartfaden fehlt. — *Cyclothone signata* Garm., Atlantik, Adria, Indischer Ozean. — *Argyropelecus hemigymnus* Cocco., Atlantik, Mittelmeer, Indischer Ozean. Mit Teleskopaugen. 6—8 cm. In der Nordsee häufig (Abb. 36). — *Sternoptyx diaphana* Herm., Atlantik, Indischer Ozean. Körper silberglänzend. Leuchtflecken in Reihen an Kopf, Körper und Schwanz.

7. Familie: *Salmonidae*, Lachse, nordische Meere, Flüsse von Nordamerika, Nordasien und Europa. Auf der südlichen Halbkugel nur die Gattung *Retropinna* (Neuseeland). Kopf

nackt, Körper beschuppt, kleine Fettflosse hinter der R. Eileiter fehlen, Eier fallen in die Bauchhöhle und werden durch den Porus genitalis nach außen entleert. Zur Laichzeit leuchtende Farben und bei *Salmo* Unterkiefer hakenförmig gekrümmt. Viele Arten dieser wertvollsten Speisefische werden

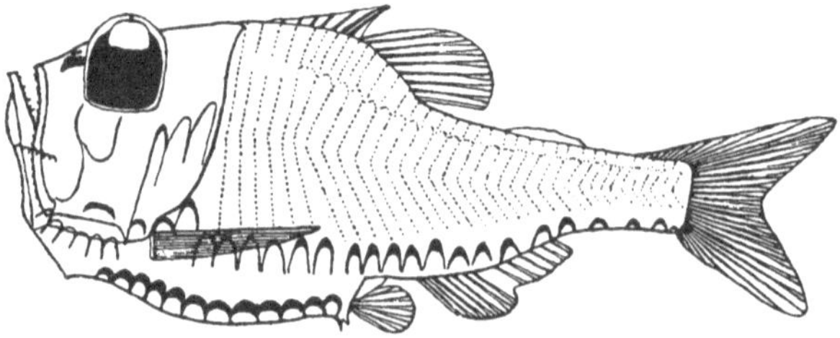

Abb. 36. *Argyropelecus affinis.* — (Nach Rauther: Fische, Sammlung Göschen, S. 67, Fig. 21.)

gezüchtet. Die im Süßwasser lebenden Arten bevorzugen sauerstoffreiches, klares, kaltes Wasser der Gebirgsbäche und Flüsse mit steinigem Grund. Alle sind Raubfische. — *Salmo salar* L., Lachs, Nördliche Meere (Abb. 37). Bis 1,50 m. Steigt als Wanderfisch bereits im Frühjahr die Flüsse aufwärts, um im Herbst

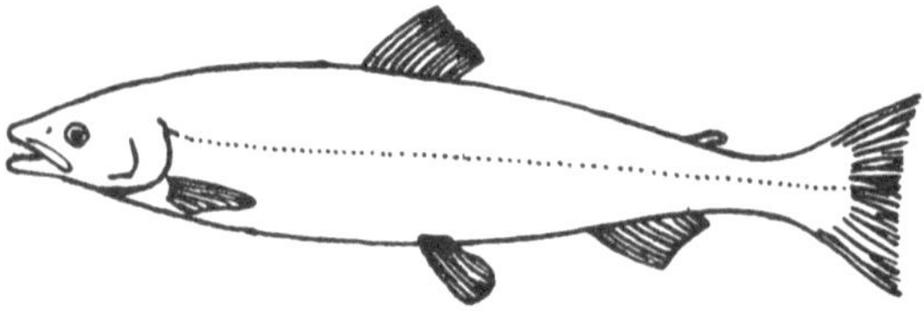

Abb. 37. *Salmo salar* L. — (Nach Möbius und Heincke aus Kyle und Ehrenbaum.)

die Laichreviere zu erreichen. Er nimmt im Süßwasser keine Nahrung zu sich, da der Verdauungstraktus reduziert wird. Während dieser Zeit reifen die Geschlechtsprodukte. Beim Ablaichen (Nov. und Dez.) legt das ♀ bis zu 40000 Eier in flachen kiesigen Gruben ab. Die alten Fische gehen dann ins Meer zurück. Die Jungen erreichen im 2. Jahr eine Größe bis zu 15 cm und wandern als sog. Salmlinge meerwärts. Der Lachs wird

8—9 Jahre alt. In dieser Zeit laicht er nur 2—3mal. Die amerikanischen Lachse laichen nur 1mal und gehen danach zugrunde. Der Lachs wird im Durchschnitt 20 kg schwer. — *Salmo trutta* L., Meerforelle, Lachsforelle, nördliche Meere. 40—70 cm. Körper gedrungener als beim Lachs, dem sie in Färbung und Verhalten ähnelt. — *Salmo trutta f. lacustris* L., Seeforelle. In Alpenseen. Wandert nicht zum Meer. — *Salmo trutta f. fario* L., Bachforelle. Europa. 20—40 cm. Dunkelgrüner Rücken, gelbliche Körperseiten mit schwarzen und roten Flecken. ♀ laicht im Winter (bis 2000 Eier). Wird als wertvoller Speisefisch gezüchtet (künstliche Befruchtung). — *Salmo irideus* Gibb., Regenbogenforelle, Nordamerika. 1880 in Deutschland eingeführt. — *Salmo salvelinus* L., Saibling. In Gebirgsseen Mitteleuropas. 20—50 cm. Bauch des Männchen zur Laichzeit gelb bis rötlich gefärbt. — *Salmo fontinalis* Mitsch., Bachsaibling, aus Nordamerika nach Deutschland eingeführt. Bei Kreuzung mit der Bachforelle entsteht die sterile sog. Tigerforelle. — *Salmo hucho* L., Huchen, lebt als großer bis 2 m langer Raubfisch in der Donau und in den Alpenflüssen. Frühjahrslaicher, wandert nicht zum Meer. Körper mit großer Fettflosse, weißem Bauch und grauem Rücken. An den Seiten viele schwarze Flecke. Die Gattung *Coregonus* unterscheidet sich u.a. durch größere Schuppen von der Gattung *Salmo*. Der Körper hat eine Fettflosse und ist ohne Fleckung. An den Küsten und in den Seen Europas. Diese Gattung zeigt ähnlich wie die vorige eine große Variabilität, so daß in vielen Seen Lokalformen existieren, die oft als eigene Arten angesehen werden. In ihrer Lebensweise ähneln sie den Arten der Gattung *Salmo*. — *Coregonus wartmanni* Bl., Renke, Blaufelchen, in Alpenseen. 30—60 cm. Schwärzlichblau mit silbernen Seiten und Bauch. Laicht im Nov.-Dez. — *Cor. albula* L., kleine Maräne, in Seen Norddeutschlands und in Buchten der Ostsee. Bis 35 cm. Blaugrün, Bauch und Körperseiten silbern. — *Cor. lavaretus* L., große Maräne. In tiefen kalten Seen von Skandinavien bis zu den Alpen. Durchschnittlich 50 cm groß, kann bis 1,20 m werden. — *Cor. oxyrhynchus* L., Schnäpel. Nord- und Ostsee, in deren östlichen Teilen er fehlt. Bis 50 cm, mit spitzer Schnauze und unterständiger Mundöffnung. — *Cor. fera* Jur., Sandfelchen oder Bodenrenke. In Voralpenseen, unterständiges Maul. Viele Abarten. — *Cor. acronius* Rapp., Kropffelchen. Tiefenfisch im Bodensee und Ammersee. Name durch Anschwellen der Schwimmblase beim Herausholen aus der Tiefe. — *Cor. macrophthalmus* Nüsslin., der sog. Gangfisch des Bodensees. — *Thymallus vulgaris* Nilsson, Äsche. In Bächen Nord- und Mitteleuropas und im Bottnischen Meerbusen. Bis 40 cm. Bräunlicher Rücken, dunkle Seitenflecken und silberner Bauch. Sehr hohe R. Ihre Lebensweise ähnelt den Forellen.

8. Familie: *Argentinidae*. Atlantik. Im Gegensatz zu den anderen Salmoniden nur schwache und zahnlose Kiefer. Winzige Zähne am Vomer und Palatinum. Langgestreckter Körper mit großen Schuppen und großen Augen. — *Argentina silus* Asc., Goldlachs. Nordsee (Abb. 38). Bis 55 cm. Silberne Fär-

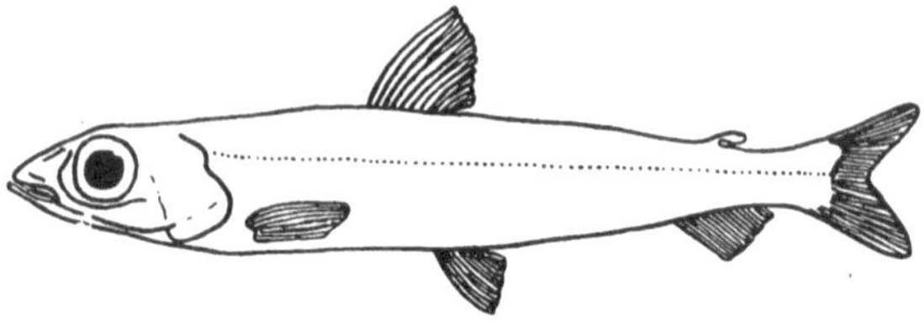

Abb. 38. *Argentina silus* Asc. — (Nach Smitt aus Kyle und Ehrenbaum.)

bung mit gelblichem Ton und dunklerem Rücken. — *A. sphyraena* L., Glasauge. Nordsee, Biscaya und Mittelmeer. Bis 25 cm. Silberne irisierende Färbung mit olivgrauem Rücken. Beide Arten leben pelagisch in Tiefen ab 400 m.

9. Familie: *Osmeridae*, Stinte. Küsten Europas, auch im Brackwasser. — *Osmerus eperlanus* L., Stint. Langgestreckter Körper mit kleinen Schuppen und großer Mundöffnung. Weißgelbe Färbung mit blaugrünem Rücken. Der Fisch sieht durchsichtig aus (Fehlen der Pigmentschicht auf der Außenseite der Schuppen). Anadromer Wanderfisch, geht in großen Mengen zum Laichen ins flache Wasser (fischereiliche Nutzung). Fleisch faulig riechend. 20—30 cm lang, Raubfisch.

10. Familie: *Osteoglossidae*, Afrika und Amerika. Süßwasser-

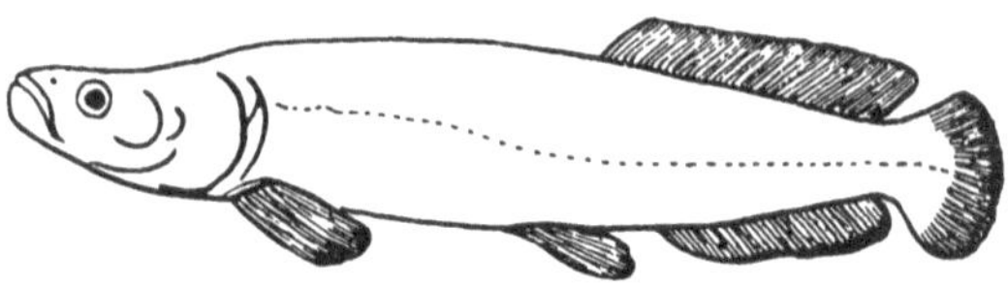

Abb. 39. *Arapaima gigas* Cuv. — (Nach Roule.)

fische mit großen harten Schuppen. R und A stehen einander gegenüber und reichen fast an die S heran. — *Osteoglossum bicirrhosum* Vand., Brasilien, Guayana. *Arapaima gigas* Cuv., der größte recente Süßwasserfisch. In Flüssen Brasiliens. Bis zu 4,5 m und einem Gewicht bis zu 200 kg (Abb. 39). Dient eingesalzen als Nahrungsmittel. — *Scleropages leichhardti* Gthr., Australien. — *Heterotis niloticus* Cuv., aus dem oberen Nil, be-

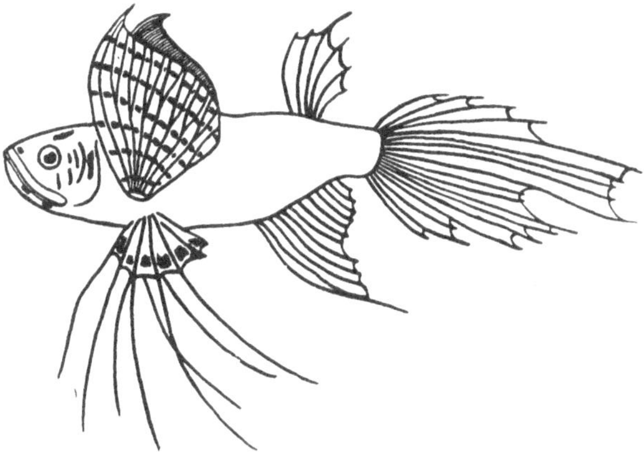

Abb. 40. *Pantodon Buchholzi* Peters. — (Nach Roule.)

sitzt ein spiraliges akzessorisches Atmungsorgan am 4. Kiemenbogen. Für die Jungen wird im flachen Wasser ein Nest gebaut. Die Larven besitzen äußere Kiemenfäden. Nahe verwandt ist der kleine Schmetterlingsfisch (*Pantodon Buchholzi* Pet.) von der Westküste Afrikas, der kurze Gleitflüge ausführen kann (Abb. 40).

11. Familie: *Notopteridae*. Im Süßwasser Ostindiens und Westafrikas. Mit Ausnahme der Br und der sehr langen A sind alle Flossen rückgebildet. Schwanz verlängert und spitz zulaufend. — *Notopterus afer* Gthr., in Flüssen Afrikas (Abb. 41).

12. Familie: *Mormyridae*, in Flüssen Afrikas. Kopf und Kiemendeckel nackt, Haut mit kleinen Cycloidschuppen. Kopf

kann schnabelartig ausgezogen sein und trägt kleine Augen mit in 2 Blättern gespaltener Cornea (Brillenbildung). In der Schwanzregion schwaches elektrisches Organ. — *Mormyrus caschive* Hasselq., Nilhecht. Von 1 m Länge. Alle Flossen

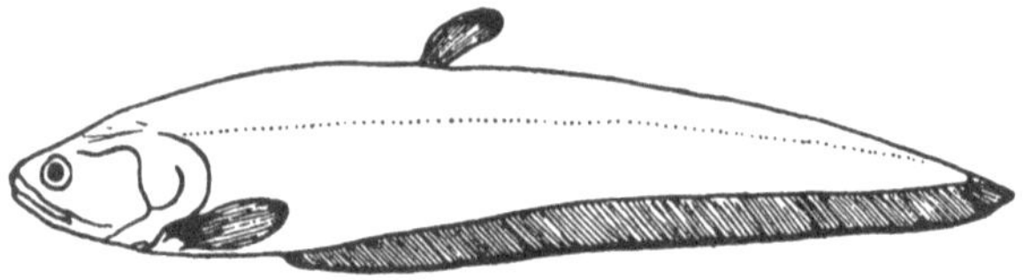

Abb. 41. *Notopterus afer* Gthr. — (Nach Roule.)

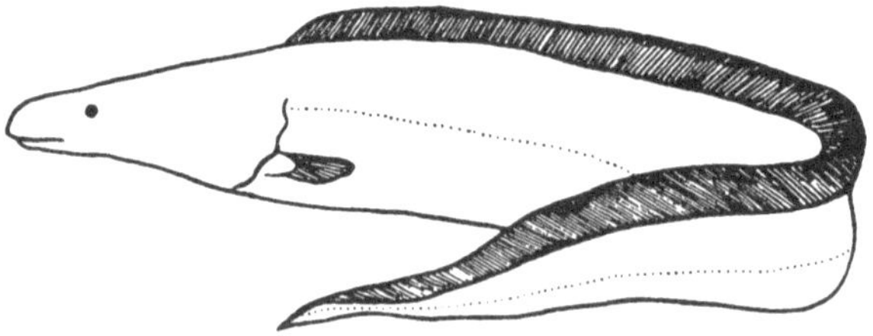

Abb. 42. *Gymnarchus niloticus* Cuv. — (Nach Roule.)

vorhanden. — *Gymnarchus niloticus* Cuv., Nil (Abb. 42). Körper aalähnlich. B, S und A fehlen. Brutpflege; Larven mit langem gestieltem Dottersack.

4. Ordnung: *Haplomi*

Flossen meist ohne Stacheln, selten einige vorhanden. Schwimmblase — wenn vorhanden — mit offenem Luftgang.

1. Familie: *Galaxiidae*. Süßwasserfische von Südamerika, Südafrika, Südaustralien. Körper nackt, R steht der A gegenüber. *Galaxias attenuatus* Jen., Neuseeland, Südaustralien, Südamerika. Ähnelt im Aussehen und der Lebensgewohnheit den Forellen.

2. Familie: *Esocidae*, Hechte. Europa, Asien, Nordamerika. Körper beschuppt mit breitem Kopf. R nach hinten gerückt, gegenüber der A. Starke Bezahnung (Raubfische), Maxillen aber

zahnlos.— *Esox lucius* L., Hecht. Europa, Asien, Nordamerika. Breite Mundöffnung mit vorstehendem Unterkiefer. Bis über 1 m. Färbung ändert ab; olivgrüner Rücken, gelbweißer Bauch, gelbliche Flecken und Streifen an den Seiten. Gefräßiger Raubfisch (Fische, Frösche, junge Wasservögel, Mäuse usw.). Laicht bereits im Febr.-April an sonnigen flachen und krautigen Stellen. — *Umbra krameri* J. Müller, Hundsfisch. Europa. Unscheinbar gefärbter bis 9 cm großer Süßwasserbewohner mit

Abb. 43. *Dallia pectoralis* Bean. — (Nach Roule.)

Schwimmblasenatmung. — *Dallia pectoralis* Bean, Alaska, Sibirien (Abb. 43). Ein kleiner dunkel gefärbter Fisch. Übersteht wochenlanges Einfrieren und lebt bei Tauwetter wieder auf.

5. Ordnung: *Iniomi*

Umfaßt hauptsächlich Tiefseeformen wie die bekannten Laternenfische *(Myctophidae)* und die *Eurypharyngidae*, sowie einige kleine Familien, deren Arten meist pelagisch leben, wie z.B. die *Synodontidae*, die *Cetomimidae* und die *Anotopteridae*.

1. Familie: *Myctophidae*. Gemäßigte und tropische Meere. Pelagische Fische, z.T. Tiefseeformen. Länglicher Körper mit großen Schuppen. Sehr weite Mundspalte. Kleine Fettflosse, R in der Mitte der Körperlänge, lange A. — *Myctophum coeruleum* Klzgr. *(Scopelus engraulis* Gthr.), Indischer Ozean. Mit Leuchtreihen längs der Ventralseite. — *M. benoiti* Gthr., Tiefseefisch mit Leuchtorganen im Atlantik und Mittelmeer. — *Ipnops murrayi* Gthr., ein blinder Tiefseefisch des Indischen Ozeans und Südatlantiks.

2. Familie: *Eurypharyngidae*. Atlantik. Seltene Tiefseebewohner mit sehr großem Maul und langen Kiefern. Schmächtiger Rumpf mit bandartig verlängertem Schwanz. Skelett dünn und zart, Muskulatur nur schwach entwickelt. Sackför-

miger dehnbarer Magen. R und A rudimentär. — *Eurypharynx pelecanoides* Vaill., Atlantik.

6. Ordnung: *Apodes*, Aale

Schwimmblase meist vorhanden, steht mit dem Darm in Verbindung. Körper trägt bei vielen Gattungen einen ununterbrochenen unpaaren Flossensaum. B fehlen, Flossen ohne Strahlen. Haut nackt oder mit kleinen Schuppen, dick, lederartig und schleimig. Keine Weberschen Knöchelchen.

1. Familie: *Anguillidae*, Aale. Atlantik, Ostsee und in den Binnengewässern Europas. Langer zylindrischer Körper mit kleinen Augen, kleine von der Haut bedeckte Schuppen. Bewegung schlängelnd. Ernährung räuberisch und omnivor. — *Anguilla anguilla* L., europäischer Aal. ♂ 40—50 cm, ♀ 50 bis 1,50 cm. Laichplätze im Atlantik zwischen Bermuda- und Westindischen Inseln in etwa 300 m Tiefe. Die durchsichtigen blattartigen Larven, früher als eigene Art — *Leptocephalus brevirostris* — beschrieben, erreichen nach 3 Jahren vom Golfstrom getrieben die europäischen Küsten bei einer Größe von 75 mm (sog. Glasaale). Dann Wechsel zum Süßwasser, Aufstieg in die Flüsse (Steigaale), wobei die ♂♂ in der Nähe der Flußmündungen bleiben, die ♀♀ aber weit stromauf ziehen. Nach 8—12 Jahren Rückkehr zum Meer und zu ihren Laichplätzen bei den Bermudas. Nur einmalige Fortpflanzung, Tiere sterben danach ab. — *A. rostrata* Lesueur, amerikanischer Aal. Amerika und Grönland. Hat weniger Wirbel als der europäische Aal. Die Laichplätze beider Arten überschneiden sich zwar, doch liegen die von *A. rostrata* mehr südwestlich.

2. Familie: *Muraenidae*, Muränen. Über 80 Arten in tropischen Meeren. Langgestreckter kräftiger Körper mit nackter Haut, oft braun und gelb getönt. Sehr spitze Zähne. Br fehlen. Nasenöffnungen mit röhrenförmigem Aufsatz. Bis zu 3 m lang. — *Muraena helena* L., Mittelmeer. Bereits bei den alten Römern als Delikatesse sehr beliebt; von den Fischern aber wegen des giftigen Bisses sehr gefürchtet.

3. Familie: *Nemichthyidae*. Tiefseefische mit sehr langem bandartigen Körper, dessen Schwanz in eine Spitze ausläuft. Die verlängerten Kiefer bilden einen schlanken Schnabel. — *Nemichthys scolopaceus* Rich., Atlantik.

4. Familie: *Cyemidae*, ebenfalls in der Tiefsee lebend. Körper kürzer mit sehr kleinen Augen. Schnabelförmige Mundöffnung, ähnlich *Nemichthys*. — *Cyema* sehr selten im Pazifik und im südlichen Eismeer.

5. Familie: *Congridae*, Meeraale. In allen Meeren. Haut ohne Schuppen. Weite Mundspalte mit kräftiger Bezahnung. R beginnt in Höhe der Br. — *Conger conger* L., gemeiner Meeraal. Atlantik, Mittelmeer, Indischer Ozean, nicht an der pazifischen Küste Amerikas. Oft über 2 m. Wandert im allgemeinen nicht in die Flüsse, lebt in Küstennähe in 40—100 m Tiefe. Ernährt sich von Krebsen und Fischen. Hat *Leptocephalus*ähnliche Larven.

6. Familie: *Ophichthyidae*, Schlangenaale, tropische Meere. Über 80 weit verbreitete Arten. Kleinere Fische mit lippenständigen Nasenlöchern und freiem von keiner Flosse umsäumtem Schwanzende. Kräftiges Gebiß, einige Südseearten tragen eine ähnliche Färbung wie die dort lebenden giftigen Seeschlangen. — *Ophichthys crocodilinus* Gthr., Pazifik.

Zu den *Apodes* gehören ferner die z.T. weniger wichtigen Familien der *Movinguidae*, *Serrimoveridae*, *Avocettinidae*, *Avocettinopsidae* und *Echelidae*.

7. Ordnung: *Heteromi*

Schwimmblase ohne offenen Gang. B abdominal oder fehlend.

1. Familie: *Fierasferidae*, Atlantik, Mittelmeer. Körper sehr schlank und in einen langen Schwanz ausgezogen. Nackthäutig. After kehlständig. — *Fierasfer acus* Brünn., Mittelmeer. Braun gefärbt, bis 20 cm, lebt (nicht parasitisch) in den Wasserlungen der Holothurien sowie in Muscheln und Seesternen.

Die zu den *Heteromi* gehörenden Familien der *Notacanthidae* und *Halosauridae* weisen nur wenige Tiefseearten aus Atlantik, Mittelmeer und Pazifik auf.

8. Ordnung: *Ostariophysi*

Schwimmblase, wenn vorhanden, mit Luftgang. Flossen ohne Stacheln oder R und Br mit einem Stachel. Webersche Knöchelchen vorhanden. Meist im Süßwasser. Wird in 2 Unterordnungen eingeteilt: die *Cyprinoidea* mit der bekannten Familie der Karpfen und die *Siluroidea*, die sämtliche Welse enthält.

1. Unterordnung: *Cyprinoidea*

1. Familie: *Characinidae*, Salmler, im Süßwasser Afrikas und Amerikas. Körper beschuppt, Kopf nackt, ohne Bartfäden. Meist mit kleiner Fettflosse. Vielfach räuberisch lebend. Viele Arten durch ihre leuchtenden Farben als Aquarienfische sehr beliebt. — *Macrodon trahira* Spix., Amerika. — *Pygocen-*

trus *(Serrasalmo) piraya* Cuv., Piraya, Karibenfisch, gefräßiger und gefährlicher Raubfisch der Flüsse Brasiliens und Guyanas. — *Hydrocyon forskali* Cuv., Nil. — *Hemigrammus ocellifer* Steindachn., Leuchtflecksalmler, Amazonas und Guyana. — *Hyphessobrycon innesi* Myers, Neonfisch. — *H. gracilis* Reinhardt, Glühlichtsalmler. — *H. ornatus* Ahl, Schmucksalmler. — *H. rosaceus* Durbin, Rosensalmler. Alle Südamerika. — *Pseudocorynopoma doriae* Perugia, Drachenflosser.

2. Familie: *Cyprinidae*, Karpfen. Körper gewöhnlich beschuppt, Kopf nackt, oft Barteln vorhanden. Mundspalte eng, Kiefer zahnlos. Mund weit vorstreckbar. Schlundknochen stark bezahnt. Keine Fettflosse. In Binnengewässern der gemäßigten und warmen Länder. Fehlen in Australien und Südamerika. Die umfangreiche Familie liefert sehr viele wertvolle Speisefische. *Cyprinus carpio* L., Karpfen (Abb. 1). Große Schuppen, 4 Bartfäden. Bevorzugt ruhige, krautreiche Gewässer mit schlammigem Grund. Bis 70 cm. Als wertvoller Nutzfisch vielfach in Teichen gezüchtet, wie auch seine beiden Rassen, der fast schuppenlose Lederkarpfen und der auf den Seiten nur 1 Reihe großer Schuppen tragende Spiegelkarpfen. — *Carassius carassius* L., Karausche. Im Süßwasser von Europa und Asien. Ohne Bartfäden. Als Varietät tritt eine Goldkarausche auf, die aber nichts mit dem in China gezüchteten Goldfisch, *Carassius auratus* L., zu tun hat. Hierher gehören ferner die Schleierschwänze mit langen verdoppelten Schwanzflossen und die nach ihren großen abstehenden Augen benannten Teleskopfische. *Tinca vulgaris* Cuv., Schleie, stille Gewässer mit Schlammgrund. Sehr kleine Schuppen. Am Mund jederseits ein Bartfaden. — *Barbus barbus* L. (*fluviatilis* Ag.), Barbe, Bäche und Flüsse Europas. 4 kurze Bartfäden. — *Gobio fluviatilis* Flem., Gründling, in schnellfließenden Bächen Europas. Am unterständigen Mund je 1 Bartfaden. — *Rhodeus amarus* Bl., Bitterling (Fleich bitter schmeckend). Zur Laichzeit ♂ mit Hochzeitskleid, ♀ mit Legeröhre, mit der sie die 3 mm großen Eier zwischen die Kiemen der Flußmuschel *(Anodonta)* ablegt, wo sie ihre Entwicklung bis zum Schlüpfen durchmachen. — *Alburnus lucidus* Heck., Uckelei, Laube. Die silberglänzenden Schuppen dienen zur Herstellung künstlicher Perlen. — *Leuciscus rutilus* L., Rotauge, Plötze, Europa, Kaspisee und Sibirien. Auch im Brackwasser der Ostsee, z. B. in den Haffen. — *L. Meidingeri* Heck., Perlfisch, Südosteuropa und in den tieferen Seen Oberbayerns. — *Aspius aspius*

L. *(rapax* Ag.), Schied, Rapfen. Bis 80 cm großer Raubfisch Mitteleuropas, auch im Brackwasser. — *Chondrostoma nasus* L., Nase, Schwarzbauch, in Flüssen Mitteleuropas. Ohne Barteln mit unterständigem Maul. — *Abramis brama* L., Brachsen, Blei, Europa, östlich bis zum Ural. Sehr hoher Körper. Bis 50 cm. — *A. ballerus* L., Zope, Mittel- und Südosteuropa. Bis 30 cm. — *A. vimba* L., Zährte. Mitteleuropa (nur stellenweise). Bis 30 cm. Unterständiges Maul. — *A. blicca* Bloch *(Blicca björkna* L.), Güster. Mitteleuropa und Brackwasser der Ostsee. — *Phoxinus laevis* L., Pfrille, Ellritze. In Bächen Europas und Sibiriens bis zum Amur. Bis 14 cm. Mit sehr kleinen Schuppen. Schwarmfisch. — *Idus melanotus* Heck., Nerfling, Aland, Orfe. Süß- und Brackwasser. Enge Mundspalte. Laicht in Schwärmen. Kommt auch orangerot gefärbt vor (Goldorfe) und wird ähnlich dem Goldfisch in Aquarien und Teichen gehalten. — *Scardinius erythrophthalmus* L., Rotfeder. Mittel- und Südeuropa. Endständige steile Mundöffnung. Flossen blutrot, mit Hochzeitskleid. — *Telestes Agassizi* Val., Strömer. In schnellfließenden Strömen Südeuropas. Langer spindelförmiger Körper mit oranger Seitenlinie. — *Leucaspius delineatus* Heck., Moderlieschen. In stehenden Gewässern. Mund oberständig. Bis 12 cm. Eine der wenigen nicht wirtschaftlich genutzten Arten. — *Pelecus cultratus* L., Ziege, Messerfisch. Sehr selten im Donaugebiet. Mund steil aufwärts. Rücken messerartig gerade, scharfe Bauchkante.

3. Familie: *Gymnotidae*. Südamerika. Körper aalähnlich, Haut nackt oder beschuppt. Mund bezahnt. Enge Kiemenöffnungen. R und S rückgebildet, sehr große A, B fehlen. After kehlständig. — *Gymnotus electricus* L., Zitteraal, Amazonas und Orinoco. Starkes elektrisches Organ längs des Schwanzes. Bis 2 m. Haut nackt, A bis zum Schwanzende. — *Sternarchus albifrons* L., Weißstirnmesserfisch, Brasilien. Körper beschuppt. Kleine S. Schnauze röhrenartig verlängert. — *Steatogenys elegans* Steindachn., gebänderter Messerfisch. In Flüssen Südamerikas. Nur schwaches elektrisches Organ.

4. Familie: *Catostomidae*. In Flüssen und Seen Nordamerikas, als Ausnahme 2 Arten in China. Ohne Bartfäden. Die lange R steht den B gegenüber. — *Catostomus catostomus* Forst., Nordamerika.

5. Familie: *Cobitidae*, Schmerlen. Europa, Asien. Körper langgestreckt, Schuppen klein oder fehlend. Grundfische, z.T. Darmatmung. Unscheinbar dunkle Fleckung oder Bänderung des Körpers. — *Cobitis fossilis* L., Schlammpeitzger. Süß-

wasser Europas, selten im Brackwasser der Ostsee. Walzenförmiger Körper, bis 30 cm. 6 Barteln an Oberlippe, 4 an Unterlippe. Übersteht im Sommer oft Eintrocknen im Schlamm. Schwimmblase längs geteilt und von Knochenkapsel umschlossen. — *C. barbatula* L., (*Nemachilus barbatulus* Gthr.), Bartgrundel, Schmerle. Mitteleuropa (nicht in Spanien und Griechenland), Sibirien, China, Japan. Liebt klares fließendes Wasser. Bis 15 cm. 6 Barteln an der Oberlippe. — *C. taenia* L., Steinbeißer, Europa. Lebt sehr versteckt im Schlamm. Bis 10 cm. An Oberlippe 6 sehr kurze Barteln. 2spitziger Knochenstachel unter dem Auge.

2. Unterordnung: *Siluroidea*

1. Familie: *Siluridae*, Welse. Europa. Süßwasserfische mit breitem Kopf und sehr großem nicht vorstülpbarem Mund.

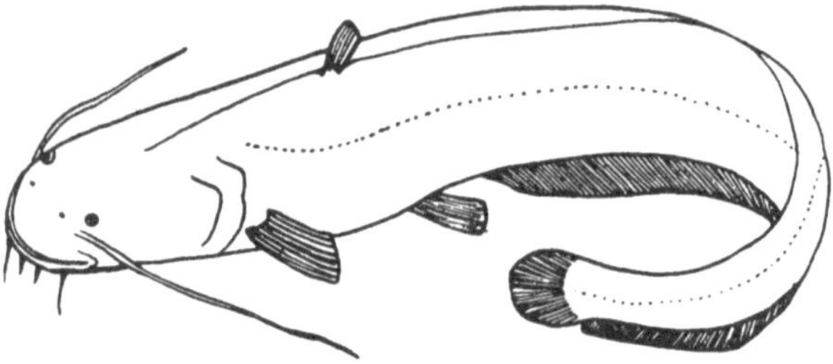

Abb. 44. *Silurus glanis* L. — (Nach Koch.)

Starke Bezahnung. 2 sehr lange und 4 kürzere Barteln. Haut nackt oder mit Knochenplatten. — *Silurus glanis* L., Wels, Waller (Abb. 44). Mittel- und Südosteuropa. Räuberisch lebender Grundfisch. Ohne Schuppen. Größter Knochenfisch Europas. Bis 4 m lang und 300 kg schwer. Färbung olivgrün bis schwärzlich, Bauchseite weißlich.

2. Familie: *Ariidae*. Tropische Gewässer. Kopfoberseite knöchern. Kurze R und A. Fettflosse vorhanden. 6 Bartfäden. Sehr artenreiche Familie im Süß- und Brackwasser und an der Meeresküste. Brutpflege. — *Arius proops* C. und V., Zentral- und Südamerika. — *A. Heudeloti* Cuv. und Val., Afrika.

3. Familie: *Plotosidae*. Indien, Australien. Langgestreckter Körper mit niedergedrücktem Kopf und kleinen Augen. 8 oder

10 Bartfäden. Kurze R_1 mit Stachel, R_2 verschmilzt mit S und A. — *Plotosus anguillaris* Bloch, im Brackwasser des Indischen Ozeans.

4. Familie: *Amiuridae*, Zwergwelse. Nordamerika. — *Amiurus nebulosus* Raff., Zwergwels. Bis 45 cm. Ohne Schuppen, mit Fettflosse. 4 größere Barteln an Ober-, 4 kleinere an Unterlippe. 1885 aus Nordamerika (dort Speisefisch) nach Europa eingeführt. Brutpflege.

5. Familie: *Callichthyidae*, Panzerwelse, Südamerika. Kopf mit Knochenplatten, kleinen Augen, enger Mundspalte und je 1 Paar Barteln (sind an der Basis verwachsen). Rumpf vollständig durch 2 Reihen Knochenschilder gepanzert. Mit Fettflosse, kurze R und A. Sollen über Land wandern (Darmatmung). Nestbau. — *Callichthys armatus* L., oberer Amazonas. — *C. thoracatus* Val., Amerika. — *Corydoras macropterus* Regan, großflossiger Panzerwels, südliches Brasilien.

6. Familie: *Clariidae*, Afrika, Asien. Kopfoberseite knöchern, Augen klein, 8 Bartfäden. Aalähnlicher Körper mit sehr langer bis zur S reichender R und A, unbeschuppt. Baumartig verästelte Anhänge am 2. und 4. Kiemenbogen als akzessorische Atmungsorgane. — *Clarias lazera* C. V., Afrika. — *Heterobranchus bidorsalis* Geoffr., Nil. — *Saccobranchus fossilis* Bl., Vorderindien. Mit weit nach hinten reichendem Luftsack der Kiemenhöhlenschleimhaut (akzessorisches Atmungsorgan). Lebensgewohnheit ähnlich *Clarias*.

7. Familie: *Bagridae*, Stachelwelse, Asien, Afrika, Amerika, Australien. 8 Bartfäden. Kurze R mit Stachel, lange Fettflosse. — *Bagrus bayad* Forskal, Nil.

8. Familie: *Doradidae*, Nagelwelse, Südamerika. Körperseiten mit einer Längsreihe von Knochenplatten. Mit Fettflosse. Kiemenöffnungen ventral. — *Doras lithogaster* Kner, Flüsse Südamerikas. Sollen lange Landwanderungen unternehmen, indem sie austrocknende Gewässer verlassen und neue aufsuchen. Die Fortbewegung geschieht mit Hilfe des Schwanzes und der Br-Stacheln. Nestbau und Brutpflege. — *Synodontis xiphias* Gthr., Westafrika. Mit Knochenplatten im Nacken und 6 Bartfäden. Langer Oberkiefer.

9. Familie: *Malapteruridae*, Afrika. — *Malapterurus electricus* Gmelin, Zitterwels, Nil (Abb. 45). Haut weich, schleimig. Ohne R, aber mit Fettflosse. 6 Bartfäden. Mit elektrischem Organ. Bis über 1 m.

10. Familie *Pimelodidae*, Südamerika. Körper seitlich zusammengedrückt. — *Pimelodus clarias* Bloch, gefleckter

Fettwels. Mit 6 z.T. sehr langen Bartfäden. — *Rhamdia sebae* Cuv. und Val., Fadenwels. Sehr lange Bartfäden.

11. Familie: *Loricariidae*, Harnischwelse. Kleine Süßwasserfische des tropischen Amerikas. Kopf und Körper ge-

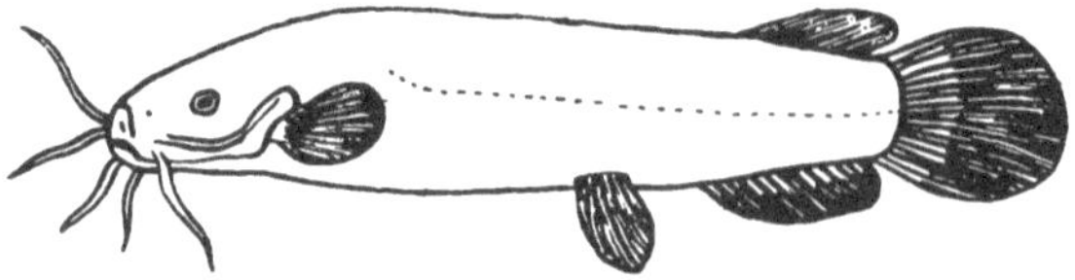

Abb. 45. *Malapterurus electricus* Gmel. — (Nach Roule.)

panzert. Unterständiger Mund, jederseits ein kurzer Bartfaden. Augen klein, Sehr enge Kiemenöffnungen. Bevorzugen schnellfließende Bäche, wobei der von breiten Lippen umgebene Mund als Haftapparat wirkt, mit dem sie sich an Steinen festsaugen. Der schlanke Körper mit dem langen Schwanz bietet außerdem der Strömung keinen großen Widerstand. — *Loricaria parva* Boul., Südbrasilien.

9. Ordnung: *Synentognathi*

Körper beschuppt. Schwimmblase, wenn vorhanden, ohne offenen Gang. Schultergürtel am Schädel befestigt. B bauchständig. R der A gegenüber. Keine Fettflosse. Untere Schlundknochen miteinander verschmolzen. Marin und im Süßwasser. Gemäßigte und tropische Gewässer.

1. Familie: *Belonidae*, Hornhechte. Küsten Nord- und Mitteleuropas. Langgestreckter Körper, Kiefer schnabelartig ausgezogen, Unterkiefer länger als Oberkiefer. — *Belone acus* Risso, Hornhecht, Altantik, auch Ostsee, Mittelmeer. Mit dünnen Schuppen und grünlichen Knochen. Bis 90 cm lang und 1 kg schwer. Fleisch wohlschmeckend. Lebt besonders von kleinen Fischen und Krebsen.

2. Familie: *Hemiramphidae*. Bei ihnen ist nur der Unterkiefer schnabelartig ausgezogen. Kleiner als die Hornhechte. Mehrere Arten auch in tropischen Flüssen. Vivipar. — *Hemiramphus far* Forsk., Atlantik, Indik.

3. Familie: *Scombresocidae*, Makrelenhechte, Atlantik, Pazifik. Beide Kiefer zum schlanken Schnabel verlängert. Hinter R und A kleine Flößchen. Knochen nicht grün. — *Scombresox saurus* Walbaum, Kosmopolit. Bis 38 cm lang. Pela-

gisch lebend. Nahrung wie bei *Belone*. Wird fischereilich genutzt.

4. Familie: *Exocoetidae*, Flugfische, Atlantik, Mittelmeer, Pazifik. Sehr große breite Br. Dorsale Spitze der S kürzer als ventrale. Große Schwimmblase ohne Luftgang. — *Exocoetus volitans* L., fliegender Fisch, Atlantik, Mittelmeer (Abb. 46). Bis 55 cm lang. Stahlblauer Rücken, Seiten und Bauch silbern. Der Fisch ist eßbar. Tritt oft in großen Schwärmen auf. Das Fliegen wird hauptsächlich zur Flucht gebraucht. Die starke

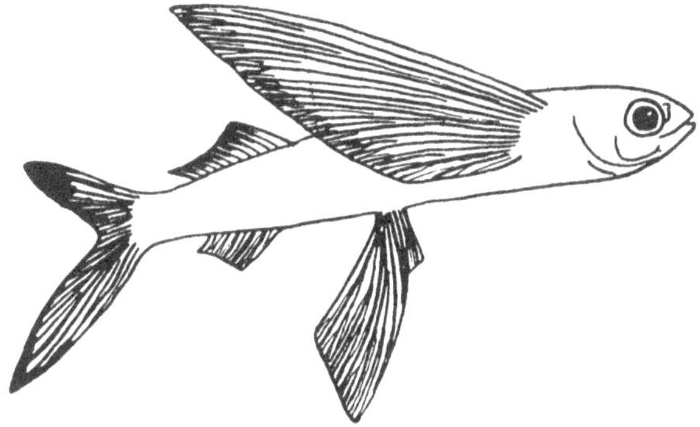

Abb. 46. *Exocoetus volitans* L. — (Nach Smitt aus Mohr.)

Schwanzmuskulatur gibt dem Fisch dabei eine sehr große Vorwärtsbewegung, er schnellt dann aus dem Wasser, breitet Br und B aus und legt so 100—150 m in kaum 20 sec zurück.

10. Ordnung: *Microcyprini*

Diese umfangreiche Ordnung mit den bekannten Familien der Zahnkarpfen besitzt Ähnlichkeit mit den Synentognathen und den nachfolgenden Percopsiden. Meist kleinere, vielfach als Aquarienfische bekannte Arten. Als Ausnahme die Gattung *Orestias* (über 20 cm) in den bis über 4000 m hochgelegenen Seen der Kordilleren.

1. Familie: *Cyprinodontidae*, eierlegende Zahnkarpfen. Im Süß- und Brackwasser Afrikas, Amerikas und Indiens. Schuppentragend, ohne Bartfäden. Vorstreckbarer Mund. Kiefer und Schlundknochen mit Zähnen. Fettflosse fehlt. R auf

dem hinteren Körperteil. — *Aphanius fasciatus* Val. (*Cyprinodon calaritanus* C. V.), Zebrakärpfling, Küstenländer des Mittelmeeres (Abb. 47). Bis 6 cm. Im Brackwasser, in Bächen, Sümpfen, selbst in warmen Quellen. — *Aphyosemion australe* Rachow (*Haplochilus calliurus var. australis, Panchax polychromos*), bunter Fahnenhechtling, Gabun. — *Cyprinodon variegatus* Lac., Edelsteinkärpfling, Nordamerika. — *Fundulus heteroclitus* L., Blaubandkärpfling, Westamerika. — *Jordanella floridae* Goode and Bean, Floridakärpfling. — *Panchax (Haplochitus) lineatus* Cuv. und Val., Streifen-

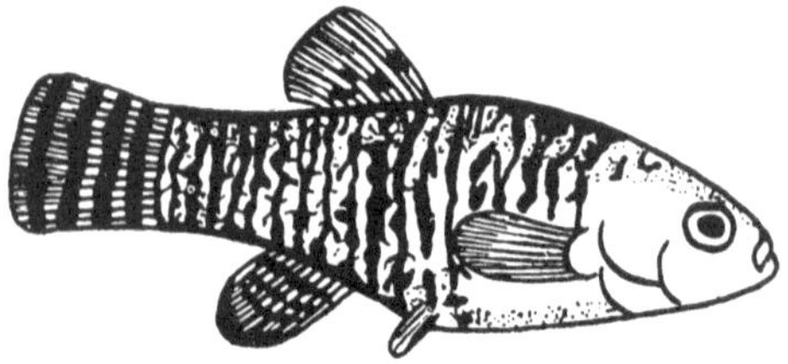

Abb. 47. *Aphanius fasciatus* Val., ♂. — (Nach Roule.)

hechtling, Vorderindien, Ceylon. — *Rivulus strigatus* Regan, Streifenbachling, Amazonasmündung.

2. Familie: *Poeciliidae*, lebendgebärende Zahnkarpfen. Amerika. ♂♂ mit aus der A gebildetem Begattungsorgan. — *Belonesox belizanus* Kner., Hechtkärpfling, Zentralamerika. — *Gambusia dominicensis* Regan, Domingokärpfling, Haiti, Kuba. — *Heterandria formosa* Ag., Zwergkärpfling, Südkarolina, Florida. ♂ bis 2 cm, ♀ bis 3½ cm. — *Lebistes reticulatus* Peters, Guppy, Mittel- und Südamerika. — *Mollienisia formosa* Girard., blasser Kärpfling, Mexiko. — *Platypoecilus maculatus* Gthr., Platy oder Spiegelkärpfling, Mexico, Guatemala. — *Xiphophorus helleri* Heckel, Schwertträger, Südmexico. — *Anableps tetrophthalmus* Bl., Guyana. Auge geteilt, so daß der Fisch beim Schwimmen mit der oberen Hälfte über Wasser sehen kann, während die untere zum Sehen unter Wasser dient.

3. Familie: *Amblyopsidae*. Amerika. Kopf nackt, Körper mit sehr kleinen Schuppen. Ohne Bartfäden. Mund nicht vorstreckbar. Keine Fettflosse. R steht der A gegenüber. B rückgebildet oder fehlend. — *Amblyopsis spelaeus* Dek., in Höhlen Nordamerikas. Körper farblos, bis 14 cm. Augen rudimentär.

11. Ordnung: *Salmopercae*

Enthält 2 Familien, die im System etwas isoliert stehen und z.T. morphologische Merkmale anderer Ordnungen aufweisen.

1. Familie: *Percopsidae, im Süßwasser* Nordamerikas. Kopf nackt, Körper mit Ctenoidschuppen. Weite Kiemenspalten. Ohne Bartfäden. Mit Fettflosse. — *Percopsis guttatus* Agassiz. Ähnelt sehr den Salmoniden, besitzt aber den Mund und die Schuppen eines Perciden.

2. Familie: *Aphredoderidae*. Gleiche Verbreitung. Der längliche Körper trägt Ctenoidschuppen und ist seitlich zusammengedrückt. Vorn an der R 3 Stacheln. — *Aphredoderus sayanus* Gilliams, in Flüssen Nordamerikas.

12. Ordnung: *Solenichthyes*

Die Ordnung vereinigt all die Familien, deren Mund zu einer mehr oder weniger längeren Röhre ausgebildet ist.

1. Familie: *Fistulariidae*, Röhrenmäuler, Pfeifenfische. Atlantik, Indischer Ozean, Pazifik. Körper sehr langgestreckt, Haut nackt oder mit kleinen Schuppen. Die vorderen Schädelknochen röhrenförmig verlängert. Enge Mundöffnung. Kleine Zähne. — *Fistularia tabacaria* L., Atlantik. Körper ohne Schuppen. Gegabelte S, deren beide mittleren Strahlen lang fadenförmig auslaufen. — *F. serrata* Cuv., Küsten des Indischen Ozeans. — *Aulostoma* chinense L., Indischer Ozean. Haut mit kleinen Schuppen. Zähne rudimentär. S rhombisch, keine verlängerten Strahlen.

2. Familie: *Macrorhamphosidae (Centriscidae)*, Schnepfen- oder Trompetenfische. Atlantik, Mittelmeer und Indischer Ozean. Körper zusammengedrückt und gepanzert. Schnauze verlängert. Fisch trägt Knochenstreifen am Rücken und Bauch. Zähne fehlen. R_1 mit sehr starkem Stachel. — *Macrorhamphosus scolopax* L., Schnepfenfisch. Atlantik, Mittelmeer. Keine Seitenlinie. Bis 15 cm. — *Amphisile scutata* L., Indischer Ozean. Stark zusammengedrückter Körper ohne Schuppen, mit Rükkenpanzer (aus Teilen des Skeletts gebildet), Zähne fehlen. R_1 und R_2 weit hinten gelegen. B rückgebildet. Der sehr dünne Fisch ist fast durchsichtig.

3. Familie: *Syngnathidae*. Atlantik, Mittelmeer, Indischer Ozean. 7 Längsreihen knöcherne Hautschilder am Rumpf und 4 am Schwanz. Schnauze zahnlos und in eine Röhre ausgezogen. Enge Kiemenöffnung. Alle Flossen ohne Stacheln. Br klein, B fehlen. Schwimmblase ohne Luftgang. Vielfach in Küsten-

gewässern. Brutpflege der Männchen. Beim *Nerophis*-♂ sind die Eier an der Bauchhaut festgeklebt, bei *Syngnathus* liegen sie in einer aus 2 seitlichen Hautfalten gebildeten Bruttasche an der Unterseite des Schwanzes, und bei *Hippocampus* ist ein Brutbeutel an der Schwanzwurzel vorhanden, der am Vorderende eine Öffnung trägt. Diese zur Laichzeit auftretenden Bruttaschen werden nach dem Schlüpfen der Jungen wieder rückgebildet. — *Syngnathus acus* L., große Seenadel. Atlantik, Mittelmeer, fehlt in der Ostsee. Bis 45 cm. Lebt von Krebsen und kleinen Fischen, die durch den sehr kleinen Mund eingestrudelt werden. Diese Art der Nahrungsaufnahme ist für die Familie charakteristisch. — *Nerophis ophidion* L., kleine Schlangennadel. Europäische Küsten, auch in der Ostsee. Sehr langer dünner Körper von gelblich grüner Färbung. Bis 26 cm. — *Hippocampus hippocampus* L., *(antiquorum* Leach), Seepferdchen. Atlantik, Mittelmeer (Abb. 48). Rumpf seitlich zusammengedrückt und gepanzert. Knochenschilder mit Stacheln. Muskulöser Schwanz ohne S ist einrollbar (Greifschwanz). Färbung braun mit weißen Flecken und Punkten. — *Phyllopteryx eques* Gthr., Fetzenfisch. Küsten Australiens. Körper mit langen bandartigen Hautfortsätzen.

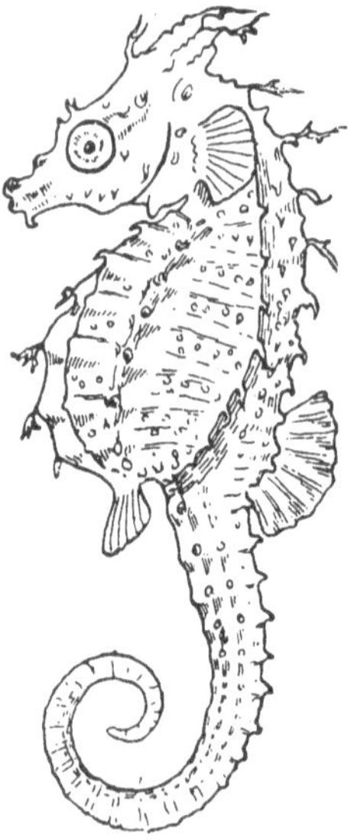

Abb. 48. Seepferdchen. — (Nach Rauther: Fische, Sammlung Göschen, S. 85, Fig. 24.)

4. Familie: *Solenostomatidae*, Indischer Ozean. Ohne Schwimmblase. B und 2 R vorhanden. Nur eine Gattung mit einigen Arten aus dem Indischen Ozean bekannt. Brutpflege des ♀; B bilden durch Verwachsung mit der Körperhaut eine Bruttasche zur Aufnahme der Eier.

13. Ordnung: *Anacanthini*

Schwimmblase ohne Luftgang. Schultergürtel am Schädel befestigt. Parietalia durch das Supraoccipitale getrennt. B brust- oder kehlständig. Symmetrische S. Flossen ohne Stacheln. Mit einer Ausnahme sind die Arten der sehr formenreichen Gruppe Meeresbewohner.

1. Familie: *Macruridae*, Tiefseefische, Atlantik, Mittelmeer. Körper endet mit langem spitzem Schwanz, S fehlt. Vorstreckbarer Mund mit kleinen Zähnen. Hohe R_1 und sehr lange bis zum Schwanzende reichende R_2. Zartes Skelett. Schuppen stachlig. — *Coelorhynchus (Macrurus) coelorhynchus* Bp., Mittelmeer. — *Macrurus berglax* Lac., Atlantik.

2. Familie: *Gadidae*, Schellfische. Nordische Meere, Atlantik, Mittelmeer. Einige Arten gehören durch ihren Indi-

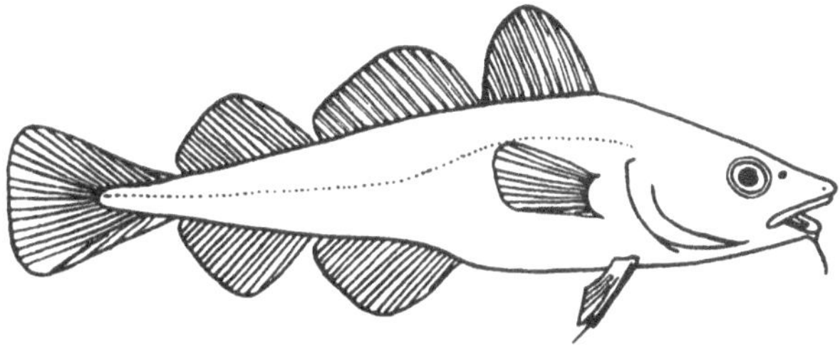

Abb. 49. *Gadus morrhua* L., Kabeljau. — (Nach Schnakenbeck.)

viduenreichtum zu den wirtschaftlich wichtigsten Fischen. Körper langgestreckt, oft schlank. Mit Cycloidschuppen. Meist 3 R und 2 A. Die kehlständigen B oftmals bis auf einen Strahl rückgebildet. Weite Kiemenspalten. Vorstreckbarer Mund. — *Gadus aeglefinus* L., Schellfisch. Von Spitzbergen bis zur Biscaya, auch an der Ostküste Nordamerikas und in der westlichen Ostsee. Mit kurzem Bartfaden. In großen Schwärmen; weite Nahrungswanderungen bis in flache Küstengewässer. Bis ½ m. — *G. morrhua* L. (*G. callarias* L.), Kabeljau. Atlantik, Ostsee (Abb. 49). Die Bezeichnung Dorsch wird für die Ostseeform und für Jungfische der Nordsee gebraucht. Bis über 1 m. Mit langem Bartfaden. Färbung variiert von braun bis olivgrün. Liefert getrocknet den Stock- und Klippfisch. Eine rote Farbvarietät, der Golddorsch bei Helgoland und an der norwegischen und schottischen Küste. — *G. minutus* L., Zwergdorsch. Großer Bartfaden am Unterkiefer. Westküste Europas, Mittelmeer. — *G. merlangus* L., Wittling oder Merlan, Küsten Nordeuropas. Ohne Bartfäden. Kleine Art unter 30 cm. — *G. virens* L., Köhler. Nordatlantik bis Biscaya und Ostküste

Nordamerikas. Sehr kleiner Bartfaden, oft fehlend. — *Merluccius vulgaris* Flem., Seehecht oder Hechtdorsch. Atlantik, Mittelmeer. Schlanker Körper mit sehr kleinen Schuppen. Kopf spitz, große Mundöffnung. 2 R und 1 A. Bis 1 m. — *Lota vulgaris* Cuv., Aalrutte oder *Quappe*. Einzige Süßwasserart, auch im Brackwasser der Ostsee. Nord- und Mitteleuropa, Nordasien und Nordamerika. Langgestreckter Körper mit kleinen Schuppen. Breiter Kopf mit langer Bartel am Unterkiefer, außerdem je 1 kurze Bartel an den vorderen Nasenöffnungen. 2 R und 1 A. Bis 60 cm. Raubfisch am Boden der Gewässer. — *Molva vulgaris* Flem., Lengfisch. Atlantik und westliche Ostsee. — *Motella (= Onos) tricirrata* Bl., Seequappe. Atlantik, Mittelmeer. R_1 reduziert bis auf den 1. fadenartig ausgezogenen Strahl.

14. Ordnung: *Allotriognathi*

Die Arten der nur wenige Familien enthaltenden Ordnung besitzen alle einen vorstülpbaren Mund, dessen Bau sie von dem aller anderen Fische unterscheidet.

1. Familie: *Trachypteridae*, Bandfische, Atlantik, Mittelmeer. Bandartiger silberglänzender Körper. Haut nackt oder mit sehr kleinen Schuppen. B bruststándig. R reicht vom Kopf bis zur S. Ohne A. Bewohner großer Tiefen, Jungfische zuweilen an der Oberfläche. — *Trachypterus arcticus* Brünnich, Nordatlantik. Bis 3 m. Zähne vorhanden. S nach oben gerichtet. Körper durchscheinend mit karminroten Flossen. Lebensweise nicht bekannt. — *Regalecus glesne* Ascan., Riemenfisch, Heringskönig. Tiefsee, Atlantik, Mittelmeer, Indischer Ozean. Bis 6 m. Br bis auf einen fadenförmigen Strahl rückgebildet. Zähne und S nicht vorhanden. Lebensweise unbekannt.

2. Familie: *Lamprididae*. Körper hoch, seitlich zusammengedrückt. Enge Mundspalte ohne Zähne. Sehr kleine zarte Schuppen. — *Lampris luna* Risso, Sonnenfisch, Atlantik, selten im Mittelmeer. Körper mit silberhellen Punkten, Rükken bläulich, Flossen scharlachrot. Wird gegessen.

15. Ordnung: *Berycomorphi*

Seitlich zusammengedrückter Körper mit Ctenoidschuppen. Am Kopf große mit Schleim gefüllte und von einer dünnen Haut bedeckte Höhlungen. Br bruststándig. Nur marine Arten.

1. Familie: *Berycidae*, Atlantik, Pazifik. Gestreckter oder hoher Körper mit sehr großen Augen. Kiefer und Vomer mit

Zähnen. — *Beryx decadactylus* Cuv. und Val., Atlantik. Tiefenfisch. Äußerst selten. Bis 52 cm. Mundöffnung tief gespalten, schräg. Dorsale Körperhälfte und alle Flossen hellrot gefärbt, Bauch silberweiß mit rotem Schimmer. Lebensweise unbekannt.

2. Familie: *Holocentridae*, in tropischen Meeren. Häufige Oberflächenfische. — *Holocentrum unipunctatum* Gthr., Südsee. Mundspalte fast waagerecht. Kiemendeckelrand mit 2 Stacheln.

16. Ordnung: *Zeomorphi*

Körper stark komprimiert und erhöht. Sehr kurzer Rumpf. Haut mit sehr kleinen Schuppen oder nackt. Kiefer und Vomer

Abb. 50. *Zeus faber* L. — (Nach Mohr.)

mit kleinen Zähnen. Vorstreckbarer Mund. Knochenschilder am Abdomen und seitlich der unpaaren Flossen.

1. Familie: *Zeidae*, Atlantik, Mittelmeer, Pazifik. Große oberständige Mundspalte, Augen liegen hoch und weit zurück. — *Zeus faber* L., Petersfisch (Abb. 50). Kosmopolit. Bis 60 cm. Hinter den Br runder dunkler Fleck. Nach der Sage: Druck des

Daumens vom heiligen Petrus beim Fischfang im See Genezareth. Langsamer Schwimmer. Nahrung: Kleine Fische, Weichtiere (einschließlich Tintenfische) und Krebse. Lebt fast immer allein, wird daher nicht in größeren Mengen gefangen. Wohlschmeckendes Fleisch.

2. Familie: *Caproidae*. Atlantik, Mittelmeer. Sehr hoher zusammengedrückter Körper mit weit vorstreckbarem Mund. Sehr kleine stachlige Schuppen. — *Capros aper* L., Eberfisch, Mittelmeer. Bis 15 cm. Rotbraun gefärbt. Geht bis 100 m tief.

17. Ordnung: *Percomorphi*

Die sehr umfangreiche und mannigfaltige Ordnung umfaßt die barschähnlichen Fische und wird in ungefähr 15 Unterordnungen eingeteilt. Schwimmblase ohne Luftgang. Supraoccipitale grenzt an die Frontalia. Schultergürtel und Schädel miteinander verbunden. Unpaare Flossen mit mehreren Stacheln. B kehl- oder brustständig. Weite Kiemenöffnungen.

1. Unterordnung: *Percoidea*

Marin und im Süßwasser. Arten über die ganze Erde verteilt, mit Ausnahme von Arktis und Antarktis. B brustständig. R mit Stacheln.

1. Familie: *Serranidae*, Sägebarsche. Atlantik, Mittelmeer. Der gestreckte Körper ist seitlich zusammengedrückt und oft lebhaft gefärbt. Trägt kleine Ctenoidschuppen. Untere Schlundknochen getrennt. Kiefer, Gaumen und Vomer mit Zähnen, Zunge nicht bezahnt. — *Serranus cabrilla* L., Sägebarsch. Rotes Meer, Mittelmeer, östlicher Atlantik, fehlt in der Nordsee. Bis 40 cm. Orangegelb gefärbt mit 4—5 grauen Längsreihen vom Auge bis zum Schwanzstiel. — *S. scriba* L., Schriftbarsch, Mittelmeer. Mit buchstabenähnlichen dunklen Zeichnungen auf rotem Untergrund. Beide Arten Zwitter. — *Dentex vulgaris* Cuv. und Val., Zahnbrasse, Mittelmeer, Atlantik bis England. Bis 1 m, Gewicht bis 10 kg. R und A können in eine Basalscheide zurückgelegt werden. Fisch silberglänzend mit zartgrünem Rücken und kleinen dunklen Flecken. — *Polyprion americanum* Bloch, Wrackbarsch. Hochseefisch im Atlantik, Mittelmeer, Pazifik und Indischen Ozean. Über 2 m lang bei einem Gewicht von über 40 kg. Schwimmt meist hinter treibendem Holz her (Name). Frißt kleine Fische. Lebensweise fast unbekannt. Laicht wahrscheinlich im Sommer. Fleisch wohlschmeckend. — *Morone labrax* L., Seebarsch. Atlantik,

Mittelmeer. Haut mit kleinen Ctenoidschuppen, Stirn und Wangen mit Cycloidschuppen. Bis 1 m. Gieriger Raubfisch, der besonders Sardinenschwärmen nachstellt. Geht im Herbst zum Laichen in Küstennähe und Flußmündungen. — *Lates niloticus* L., Nilbarsch, in afrikanischen Flüssen, im Tsadsee und im Tanganyika. Bis 2 m.

2. Familie: *Centrarchidae*, Sonnenbarsche, in Süßwässern Nordamerikas. Körper seitlich zusammengedrückt und kurz. Samtartige Zähne. A mit 3 Stacheln. Viele Arten mit Brutpflege. Laich wird in Nestern abgelegt. — *Grystes (Micropterus) salmoides* Gthr., Forellenbarsch. Vom Gebiet der „Großen Seen" bis nach Texas und Florida. Mit schwärzlichem Längsband und dunklen Flecken am Körper. Bis 60 cm. 1883 nach Europa importiert, zusammen mit dem Schwarzbarsch, *Grystes nigricans* Gthr. (*Micropterus dolomieu* Lac.). Körper gefleckt. Bis 50 cm. — *Centrarchus macropterus* Lac., Pfauenaugenbarsch. — *Enneacanthus gloriosus* Holbrook., Diamantbarsch. — *Mesogonistius chaetodon* Baird, Scheibenbarsch. — *Eupomotis gibbosus* L., gemeiner Sonnenbarsch. Bis 20 cm.

3. Familie: *Percidae*, Barsche, im Meer und im Süßwasser. Ctenoidschuppen, Kopf und Flossen ohne Schuppen.

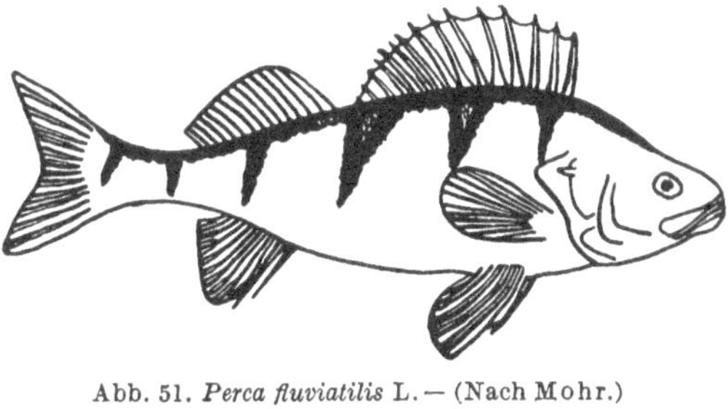

Abb. 51. *Perca fluviatilis* L. — (Nach Mohr.)

Operculum mit Dorn. Mund nicht oder kaum vorstreckbar, Samtzähne. — *Perca fluviatilis* L., Flußbarsch, Europa, Nordasien (Abb. 51). 2 getrennte R. Färbung gelbgrün mit dunklen Querbinden. Gefräßiger Raubfisch. Bis 60 cm. Laich (April-Juni) in Schnüren an Steinen und Wasserpflanzen. — *Acerina cernua* L., Kaulbarsch. In Flüssen Europas und Nordasiens. Olivgrün mit dunklen Flecken, Bauch weißlich. Bis

25 cm. Lebt von niederen Tieren und von Fischbrut. — *A. schraetzer* L., Schrätzer, nur im Donaugebiet. Schlanker zitronengelber Fisch von 15—25 cm. — *Lucioperca sandra* Cuv., Zander. Europäische Flüsse. Schlanker, bis 1 m langer Fisch, Kopf hechtähnlich, wertvoller Speisefisch. — *Aspro zingel* L., Zingel, Donaugebiet. Körper spindelförmig. Fast unterständiger Mund. Bis 35 cm. Grundfisch, wird gegessen. — *A. streber* v. Sieb., Streber. Donaugebiet. Ähnelt der vorigen Art, nur kleiner — bis 16 cm — und mit dünnem rundem Schwanzstiel.

4. Familie: *Toxotidae*, 5 Arten im Süßwasser Ostindiens und Australiens. Kurzer Körper mit weit vorstreckbarer Mundöffnung. R nach hinten verlagert. — *Toxotes jaculator* Pall., Schützenfisch. Ostindien, Polynesien. Seine Nahrung besteht aus Insekten, die an Pflanzen über der Wasseroberfläche sitzen und die er durch einen aus dem Mund gespritzten Wasserstrahl herunterschießt.

5. Familie: *Sciaenidae*, Atlantik, Mittelmeer, einige Arten auch im Süßwasser. Körper langgestreckt, zusammengedrückt. Großer endständiger Mund mit kleinen Zähnen. B bruststāndig, abgerundete S. Große Schwimmblase, oft mit verzweigten Anhängen. — *Umbrina cirrhosa* L., Umberfisch, Schattenfisch, Mittelmeer. Bis 70 cm. Wird gegessen. Gelb gefärbt mit bis zu 30 dunkel eingefaßten Längsstreifen auf den Körperseiten. — *Sciaena umbra* L., (*Corvina nigra* Bl.), Rabenfisch, Mittelmeer. Bis 40 cm. Färbung dunkelbraun. — *S. aquila* Lac., Adlerfisch, Atlantik, Mittelmeer. Bis 2 m großer Raubfisch. Erzeugt Töne und knurrende Laute, die wahrscheinlich mit Hilfe des Schwimmblasensystems erzeugt werden und die dem Brüllen einer Kuh ähneln. Selbst Fische in 36 m Tiefe kann man noch hören. Sehr begehrter Speisefisch. — *Pogonias chromis* L., Trommelfisch, atlantische Küste Nordamerikas. Bis 1½ m. Bringt ein lautes trommelndes Geräusch hervor.

6. Familie: *Carangidae*, tropische und gemäßigte Meere, einige Arten weit verbreitet. Körper nackt oder mit kleinen Schuppen; Seitenlinie oft mit starken Knochenschildern. Vorstreckbarer Zwischenkiefer. Weite Kiemenspalten. S tief gegabelt. Schwimmblase vorhanden. — *Caranx trachurus* L., Stöcker, Bastardmakrele, in allen Meeren von der westamerikanischen und asiatischen Küste bis in den Atlantik einschließlich Nord- und Ostsee. Ähnelt im Körperbau der Makrele. Bis 40 cm. Raubfisch. — *Lichia glauca* L., Gabelmakrele, Atlantik. Bis über 40 cm. Seltener Fisch mit un-

bekannter Lebensweise.— *Naucrates ductor* L., Pilot, Lotsenfisch, Atlantik, Mittelmeer, auch an der amerikanischen Küste. Silbergrau mit 5—7 dunkelblauen Querbinden. Endständiger Mund. Bis 30 cm. Bekannt als Begleiter von Haien und Schiffen.

7. Familie: *Sparidae*, Meerbrassen, Atlantik, Mittelmeer und Pazifik. Hoher länglicher und zusammengedrückter Körper mit endständigem Mund. Rudimentäre Schleimkanäle am Kopf. B bruststündig. Kiefer mit Schneide- oder Mahlzähnen. Alle Meerbrassen bevorzugen felsigen Grund mit Algenbewuchs. Meist tierische Nahrung, *Pagellus centrodontus* soll auch Algen fressen. Einige Arten sind Zwitter. — *Sparus unicolor* Q. G., Australien. — *Cantharus lineatus* Mont., Seekarausche, Streifenbrasse, Atlantik, Mittelmeer. Bis ½ m. Tiefgegabelte S. — *Box salpa* L., Mittelmeer.— *Pagrus auratus* L., Goldbrassen, Atlantik, Mittelmeer. Bis ½ m. Silbern mit weißem Bauch und grünlichem Kopf und Rücken. Mahlzähne. — *Pagellus centrodontus* Delaroche, nordischer Seebrassen, Atlantik, Mittelmeer. Bis ½ m. Mund endständig. Mahlzähne. Färbung orangerot mit dunklem Schulterfleck.

8. Familie: *Mullidae*, Meerbarben, Atlantik, Mittelmeer. Niedriger gestreckter Körper, kleiner endständiger Mund.

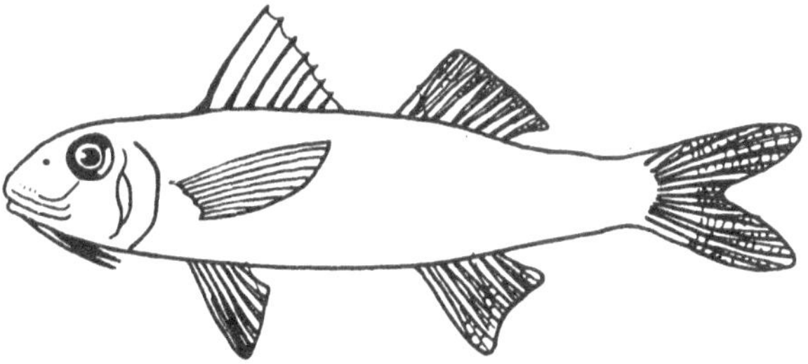

Abb. 52. *Mullus surmuletus* L. — (Nach Mohr.)

Dünne große und locker sitzende Schuppen. R_1 und R_2 weit getrennt. Zungenbein mit 2 langen Barteln. — *Mullus barbatus* L., Seebarbe, Rotbarbe, Mittelmeer. Der lebhaft rot gefärbte Fisch war schon im Altertum ein begehrter Speisefisch. Durch seinen Farbenwechsel beim Sterben fehlte er bei den alten Römern als unterhaltendes Schauspiel auf keiner größeren Tafel. — *M. surmuletus* L., Streifenbarbe, Nordatlantik (Abb. 52). Karminrot mit 3 goldgelben Längsstreifen vom Kopf bis zur Schwanzwurzel.

9. Familie: *Labridae*, Lippfische, tropische und gemäßigte Meere. Lebhaft gefärbte schlanke Fische mit vorstreckbaren wulstigen Lippen. Starke Bezahnung. Einige Arten zwischen Korallenriffen und Felsen, andere im Pflanzendickicht. Leben oft in kleinen Gruppen zusammen. Brutpflege, Nestbau. Nahrung: Würmer, Weichtiere und kleine Krebse. Werden gegessen. — *Labrus maculatus* Bl., gefleckter Lippfisch, Atlantik, Mittelmeer. Bis 35 cm. Man unterscheidet eine dunkle (blaugrüne) und eine helle (gelbbraune) Varietät. — *L. mixtus* Kr., gemeiner Lippfisch, Atlantik, Mittelmeer, Bis 35 cm. ♂ und ♀ sehr unterschiedlich gefärbt, so daß sie lange als 2 selbständige Arten geführt wurden. — *Crenilabrus pavo* Brünn., Pfauenlippfisch, Mittelmeer. — *Cr. melops* L., schwarzäugiger Lippfisch, Atlantik, Mittelmeer. Bis 25 cm. Färbung variiert sehr, vom Hellrot über Orange, Gelb, Grün bis zum Blau. — *Ctenolabrus rupestris* L., Klippenbarsch, gleiche

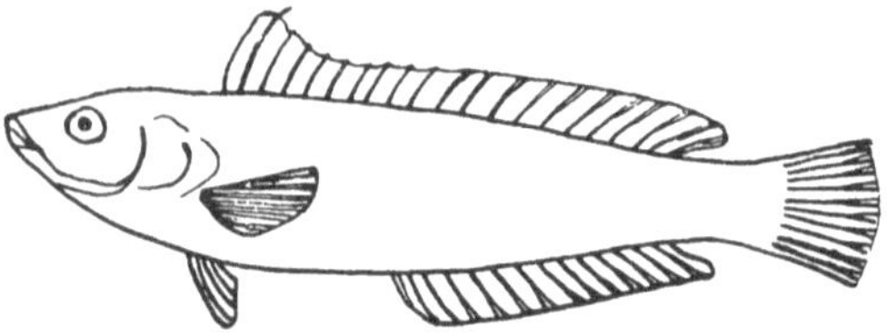

Abb. 53. *Coris julis* L., ♂. — (Nach Otterström aus Mohr.)

Verbreitung. Bis 18 cm. — *Coris julis* L., Meerjunker, Regenbogenfisch (Abb. 53). Mittelmeer, Atlantik, selten in der Nordsee. Bis 25 cm.

10. Familie: *Chaetodontidae*, tropische Meere. Hoher und kurzer Körper, seitlich stark zusammengedrückt. Lebhaft gefärbt. R und A mehr oder weniger mit Schuppen, B brustständig. Kopf oft schnauzenartig verlängert. Leben meist zwischen Korallenriffen. — *Chaetodon fasciatus* Forsk., Rotes Meer, Indischer Ozean. — *Chelmon rostratus* L., Indo-Pazifik. — *Heniochus acuminatus* L., Indo-Pazifik. Körper weiß mit 2 schwarzen Querbinden und lang ausgezogenem 4. Knochenstrahl der R.

11. Familie: *Cichlidae*, Buntbarsche, im Süß- und Brackwasser Amerikas, Afrikas und Indiens. Barschähnlicher Körper mit kleinen Schuppen. Jederseits nur eine Nasenöffnung. R und A beschuppt. Ernährung meist räuberisch, einige Arten herbivor. ♂ und ♀ weichen oft stark voneinander ab. Brutpflege, ♂ nimmt die Eier bis zum Schlüpfen ins Maul, bei den Arten Afrikas übernimmt dies das ♀. — *Cichla ocellaris* Schneider, Südamerika. — *Cichlasoma nigrofasciatum* Gthr., Grünflossenbuntbarsch, Guatemala, Salvador. — *Acara portalegrensis* Hensel, Streifenbuntbarsch, Südamerika. — *Apistogramma agassizi* Steindachner, Zwergbuntbarsch, mittlerer Amazonas. — *Astronotus ocellatus* Agassiz, Pfauenaugenbuntbarsch, Südamerika. — *Haplochromis multicolor* Hilgendorf, kleiner Maulbrüter, Nil. — *Hemichromis bimaculatus* Gill., Rotbarsch, tropisches Afrika. — *Tilapia nilotica* L., Nilbarsch. — *Nannacara anomala* Regan, gestreifter Zwergbuntbarsch, Britisch-Guyana. — *Pterophyllum scalare* Cuv. und Val., Segelflosser, Amazonas.

12. Familie: *Cepolidae*, Bandfische, Atlantik, Mittelmeer, Indischer Ozean. Langgestreckter bandförmiger Körper mit sehr kleinen Cycloidschuppen und großen Augen. R und A sehr lang, hängen mit der S zusammen. B brustständig. — *Cepola rubescens* L., roter Bandfisch, Atlantik, Mittelmeer. Lebensweise fast unbekannt.

13. Familie: *Pomacentridae*, tropische Meere. Kleine Fische mit kurzem gedrungenem Körper und Ctenoidschuppen. Schwach entwickeltes Gebiß. Seitenlinie läuft nicht bis zur S oder ist unterbrochen. B brustständig. Einige sind Pflanzenfresser. Die Arten haben als Korallenfische eine ähnliche Lebensweise wie die *Chaetodontidae* und auch dieselbe geographische Verbreitung. — *Amphiprion percula* Cuv. und Val., Orangeringelfisch, Küsten des Indischen Ozeans. Körper orange mit 3 weißen schwarzeingefaßten Querbinden. — *Premnas biaculeatus* Bleeker, Samtkorallenfisch, rotbraun mit 3 gelben, hellgrün gesäumten Querbinden. — *Dascyllus aruanus* Cuv. und Val., Preußenfisch, Rotes Meer und Indischer Ozean. Weiß mit 3 schwarzblauen Querbinden. — *Pomacentrus fasciatus* Cuv. und Val., Indischer Ozean. — *Heliastes chromis* L., Mittelmeer. Dorsal braun, ventral silberglänzend.

14. Familie: *Scaridae*, Papageifische, tropische Meere. Farbenprächtige Arten. Zähne miteinander verwachsen, Kiefer bilden daher einen scharfen Schnabel (Papageischnabel).

Schlundzähne in Form von Reibplatten. — *Scarus cretensis* L., Mittelmeer. Bis 45 cm. Herbivor, soll vor allem Ledertange fressen.

15. Familie: *Ammodytidae*, Sandaale, gemäßigte Meere und Indischer Ozean. Körper gestreckt, aalähnlich mit sehr kleinen Schuppen. Kiefer ohne Zähne, Unterkiefer vorragend, Maul oberständig. R und A lang, ohne Stacheln. B fehlen. Ohne Schwimmblase. Leben gesellig, graben sich sehr schnell in den Sand ein. Würmer, Krebse und Jungfische dienen als Nahrung. — *Ammodytes lanceolatus* Lesauvage, großer Sandaal, gr. Tobiasfisch, Nord- und Ostsee. Bis 30 cm. Zwischenkiefer wenig vorstreckbar. — *A. tobianus* L., kleiner Sandaal, kl. Tobiasfisch, gleiche Verbreitung. Bis 20 cm. Vorstreckbarer Zwischenkiefer bis zur Unterkieferspitze. Beide Arten eßbar.

16. Familie: *Trachinidae*, Atlantik, Mittelmeer. Körper gestreckt. Haut nackt mit kleinen Cycloidschuppen. Großer vorstreckbarer Mund, kleine Zähne. Sehr kurze R_1, aber lange R_2 und A. Kehlständige B. Starker Stachel am Kiemendeckel steht mit Giftdrüse in Verbindung (wie auch die Stacheln der R). — *Trachinus draco* L., Petermännchen, Atlantik (Nord- und Ostsee), Mittelmeer, Schwarzes Meer. Bis 40 cm. Meist im Sande vergraben. — *T. vipera* Cuv. und Val., Viperqueise, Nordsee bis Mittelmeer. Bis 15 cm. Ebenfalls im Sand eingewühlt, wo sie auf Garnelen lauert. Fische wegen ihres Giftes gefürchtet. Verwundungen rufen Entzündungen, Körperschwellungen usw. hervor.

17. Familie: *Uranoscopidae*, Sterngucker, tropische Meere, Mittelmeer. Breiter großer Kopf, z.T. mit Knochenplatten. Mundspalte vertikal. Kehlständige B, verzweigte Br. Langer Faden am Mundboden. Augen auf der Oberseite des Kopfes liegend. Bodenfische, die träge zwischen Steinen versteckt auf Beute lauern. — *Uranoscopus scaber* L., gemeiner Himmelsgucker, Mittelmeer. Bis 25 cm.

18. Familie: *Scatophagidae*, Indischer Ozean. Körper hoch, zusammengedrückt. Ein unbeweglicher Stachel vor R_1, R_2 an der Basis beschuppt. Ziemlich kurze Schnauze. Zum Teil Korallenfische. — *Scatophagus argus* Boddaert, Küsten Indiens, oft auch in großen Flußmündungen.

19. Familie: *Nandidae*, *Nanderbarsche*, Meer- und Süßwasserfische des Indopazifischen Gebietes. Körper länglich, zusammengedrückt mit unterbrochener Seitenlinie. Brustständige B. Schwaches Gebiß. — *Badis badis* Hamilton-Buchanan, im Süßwasser Ostindiens.

2. Unterordnung: *Teuthidoidea*

Eine kleine Gruppe von Korallenfischen des indopazifischen Ozeans mit nur wenigen Familien.

1. Familie: *Teuthididae*, Indischer Ozean. Körper seitlich stark abgeflacht, kleine rauhe Schuppen tragend. Kiefer mit scharfen Schneidezähnen, Gaumen zahnlos. Brustständige B. Schmaler, scharf abgesetzter Schwanzstiel. Pflanzenfresser, zuweilen auch tierische Nahrung. — *Teuthis javus* L., Indischer Ozean. Nicht nur auf Korallenriffe beschränkt.

2. Familie: *Acanthuridae*, Doktorfische, Indischer Ozean. Im Körperbau und in der Lebensweise der vorigen Familie sehr ähnlich. Jederseits der Schwanzwurzel liegt ein kleiner aufklappbarer und sehr scharfer Dorn. — *Acanthurus xanthurus* Blyth, Indischer Ozean und Rotes Meer. Fisch samtblau gefärbt mit leuchtend goldgelbem Schwanz. Färbung kann stark ändern, so daß eine Tag- und Nachtfärbung unterschieden wird.

3. Unterordnung: *Trichiuroidea*

Tropische und subtropische Meere. Körper lang, bandartig oder zusammengedrückt. Weite Mundspalte. Kiefer mit starken Zähnen. S gegabelt oder fehlend.

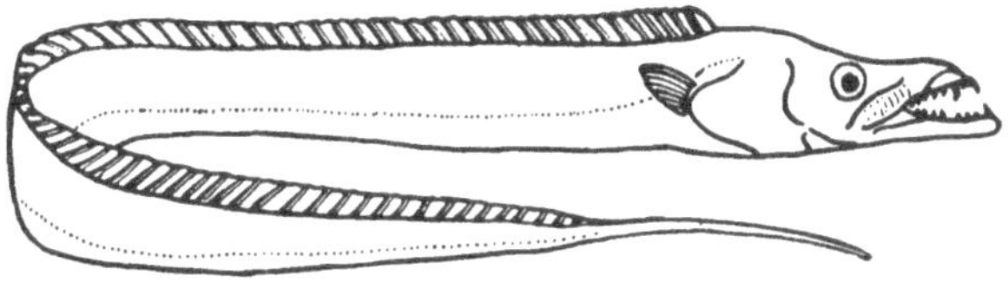

Abb. 54. *Trichiurus lepturus* L. — (Nach Wollebaek aus Mohr.)

Familie: *Trichiuridae*, Haarschwänze, tropische Meere. Haut nackt oder kleinschuppig. Nicht vorstreckbarer Zwischenkiefer. Sehr lange R, die schon vor den Br beginnt. B brustständig, zuweilen fehlend. — *Trichiurus lepturus* L., Haarschwanz, folgt als tropischer Fisch den warmen Meeresströmungen bis zur Küste Englands (Abb. 54). Über 1 m lang. S und B fehlen, A rudimentär. Färbung silbern. — *Lepidopus caudatus* White, Atlantik (Nordsee), Mittelmeer, bis nach Australien. Gegabelte S. Rudimentäre B und A. Körper nackt. Bis 2 m lang, Gewicht bis 3 kg. Lebensweise beider Arten unbekannt.

4. Unterordnung: *Scombroidea*

Atlantik, Mittelmeer. Schlanker bis aalförmiger Körper, oft nackt oder nur z. T. mit dünnen Cycloidschuppen. Bezahnung meist schwach. B (wenn vorhanden) brustständig. Schwimmblase kann fehlen. Tief gegabelte S. Carnivore Hochseebewohner.

1. Familie: *Scombridae*, Makrelen, Atlantik, Mittelmeer. Spindelförmiger langgestreckter Körper mit endständigem oder etwas oberständigem Mund. 2 R, hinter R_2 und A viele kleine Flößchen. Viele Arten sind durch ihr schmackhaftes Fleisch Nutzfische. — *Scomber scombrus* L., Makrele, Atlantik (auch in der Ostsee), Mittelmeer, Ostküste Nordamerikas. Bis 50 cm. Ohne Schwimmblase. R_1 und R_2 weit voneinander entfernt. R_1 läßt sich in eine Vertiefung der Rückenkante zurücklegen. Rücken grasgrün, Seiten und Bauch perlmutterglänzend, mit vielen schwärzlichen Querbändern. Viele Farbvarietäten. Nahrung: Krebse, Mollusken, Fische. Gehen zum Laichen (ab Mai) vom tieferen Wasser zur Küste. — *Auxis rochei* Risso, Mittelmeer, im wärmeren Atlantik (Nordsee selten) und Indischen Ozean. Vordere Körperhälfte mit starkem Panzer, hintere nackt. Kurze spitze Schnauze. Ohne Schwimmblase. Bis 50 cm. — *Sarda pelamys* Brünnich, unechter Bonito, südlicher Atlantik und Mittelmeer. Nur kurzer Panzer, Körper dahinter beschuppt. R_1 und R_2 stoßen aneinander. — *Euthynnus pelamys* L., echter Bonito, in allen warmen Meeren, fehlt in der eigentlichen Nordsee, aber vereinzelt im Skagerrak und Kattegat. Bis 1 m. Ausgedehnter Panzer, Körper dahinter nackt. R_1 höher als R_2, steil abfallend. — *Orcynus thynnus* L., Thunfisch, in allen warmen Meeren (Abb. 55). Heimat: Mittelmeer.

Abb. 55. *Orcynus thynnus* L. — (Nach Günther.)

Europäische Küsten bis in die Ostsee (Stralsund). Körper hinter dem Panzer mit Schuppen. Bis 5 m. Gewicht bis 150 kg. Rücken blauschwarz, Bauch weiß. Seiten silbergrau. Die Thunfische unternehmen als Raubfische weite Wanderungen; ihre Nahrung besteht aus Makrelen, Sardellen, Heringen, Hornhechten, fliegenden Fischen. Laichen fast alle im Mittelmeer, aber nicht im Atlantik und in der Nordsee. Über die Jungfische ist nicht viel bekannt. Thunfische treten wie die Makrelen meist in Schwärmen auf und sind wegen ihres Fleisches äußerst wertvolle Nutzfische.

2. Familie: *Luvaridae*, Atlantik, Mittelmeer. Langer ovaler Körper mit kleinem endständigem Mund. R auf der hinteren Rückenhälfte gegenüber der A. Brustständige B. Gegabelte S. Große Schwimmblase. Rudimentäre Schuppen. — *Luvarus imperialis* Raf., Verbreitung wie oben. Sehr selten gefangen. Bis 50 cm. Grauer Rücken, Bauch silbern, Seiten rötlich. Lebensweise unbekannt.

3. Familie: *Bramidae*, Atlantik, Pazifik. Hoher zusammengedrückter Körper mit großen Augen. Cycloidschuppen. Sehr lang ausgezogene R und A. S tief gegabelt. — *Brama raji* Bloch, Brachsenmakrele, Atlantik, Pazifik, Nordsee selten. Bis 80 cm. Meist in Tiefen von mehreren 100 m. Lebensweise unbekannt. — *Pterycombus brama* B. Fries, Atlantik. Sehr selten. Bis 50 cm. Lebensweise nicht bekannt.

4. Familie: *Coryphaenidae*, Atlantik, Mittelmeer, tropische Meere. Langer seitlich zusammengedrückter Körper mit Cycloidschuppen. Sehr lange R, tief gegabelte S. Ohne Schwimmblase. Räuberisch lebende Hochseefische. — *Coryphaena hippurus* L., Goldmakrele, Mittelmeer. Bis 1,20 m. Metallisch glänzend mit blauen, zitronengelben und rötlich goldenen Tönen. Verfolgt als kräftiger Schwimmer besonders die fliegenden Fische *(Exocoetus)*.

5. Familie: *Xiphiidae*, Schwertfische, Kosmopoliten. Langgestreckter nackter Körper. Ober- und Zwischenkiefer, Siebbein und Vomer zu einem langen spitzen Schnabel ausgezogen (beim erwachsenen Tier etwa $^1/_3$ der Gesamtlänge). Zähne rudimentär. Große Kiemenöffnungen. B rückgebildet oder fehlend. Lange spitze, tiefansetzende Br. Schwimmblase vorhanden. — *Xiphias gladius* L. (Abb. 56), Schwertfisch, tropische Meere, aber auch europäische Küsten (bis Norwegen), selten in der östlichen Ostsee. Über 3,5 m lang. Gewandter Schwimmer. Rücken blauschwarz, Bauch weiß bis silbern. Jungfische mit dunklen Querbinden. Meist im tieferen

Wasser. Wohlschmeckendes Fleisch, lohnende Fischerei, da die Art im Mittelmeer und bei Nordamerika sehr zahlreich auftritt. Nahrung: Fische (Heringe) und Tintenfische. Jungfische

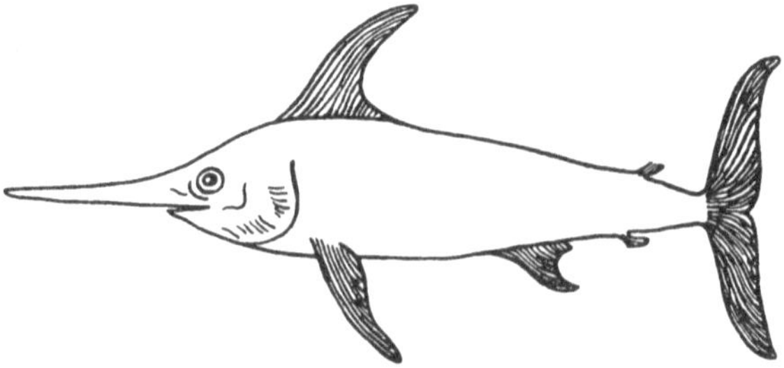

Abb. 56. *Xiphias gladius* L. — (Nach Mohr.)

noch mit rudimentärer Beschuppung. Bedeutung des Schwertes nicht bekannt (keine Waffe).

5. Unterordnung: *Gobioidea*

Vorwiegend Grundfische der Küstengewässer, selten in größeren Tiefen. Verschiedene größere Arten im Süßwasser der Tropen. Körper niedrig, mehr oder weniger gestreckt. Meist Ctenoidschuppen, Cycloidschuppen seltener oder Haut nackt. Sehr unterschiedliche Bezahnung. ♂ und ♀ mit Genitalpapillen. B brustständig. R_1 und R_2 getrennt. S meist abgerundet, nie gegabelt.

1. Familie: *Periophthalmidae*, Küsten des Indo-Pazifischen Ozeans. Gestreckter Körper mit kleinen Ctenoidschuppen. Fast horizontale Mundöffnung. Kugelförmige auf der Kopfoberseite dicht zusammenstehende Augen. Sind zurückziehbar und können von einem gut entwickelten Augenlid bedeckt werden. Armförmige Basis der Br mit starken Muskeln. B dicht nebeneinanderstehend. Enge Kiemenöffnungen. — *Periophthalmus koelreuteri* Pallas, Schlammspringer, Indo-Pazifische Küsten. Bis 15 cm. Halten sich bei Ebbe außerhalb des Wassers auf und bewegen sich auf dem feuchten Schlamm und am Strand mit Hilfe der Br schnell vorwärts und jagen ihrer Nahrung nach (kleine Krebstiere).

2. Familie: *Eleotridae*, Schläfergrundeln, Mittelmeer und im Süßwasser der Tropen. Körper beschuppt mit nicht vor-

stehenden seitlichen Augen. B dicht nebeneinanderstehend. — *Eleotris africana* Steindach., afrikanische Schläfergrundel, Westafrika. — *E. melanosoma* Blecker, Schwarzbauchgrundel, Große Sundainseln.

3. Familie: *Gobiidae*, Meergrundeln. In fast allen Meeren (Küstenbewohner), einige Arten auch im Süßwasser. Meist kleine Tiere mit mehr oder weniger langgestrecktem Körper. Augen seitlich, nicht vorstreckbar. 2 getrennte R. Kehl- oder brustständige B, die bei einigen Arten zu einem flachen Saugnapf zusammengewachsen sind. Seitenlinie rückgebildet oder

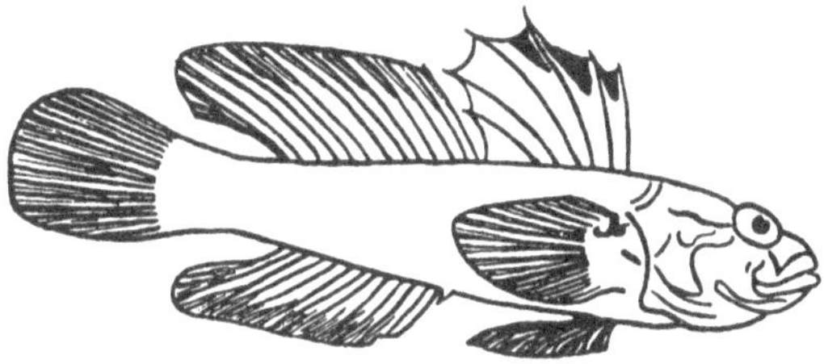

Abb. 57. *Gobius niger* L., ♂. — (Nach Duncker.)

fehlend. — *Gobius niger* L., Schwarzgrundel, Atlantik, Mittelmeer (Abb. 57). Bis 15 cm. Bräunlich gefärbt mit dunklen Flecken und gelblichem Bauch. Bevorzugt weichen Grund (Seegrasregion). Meist paarweise lebend. Fischereilich ohne Bedeutung. Bildet im Mittelmeer eine schlankere Rasse *(G. niger var. jozo* L.). — *G. paganellus* L., Mittelmeer, Atlantik (bis zum Kanal). Ähnelt der vorigen Art. Lebt auf felsigem Grund. Laicht im Sommer, Eier werden vom ♂ bis zum Schlüpfen bewacht. — *G. minutus* Pallas, kleine Grundel, Atlantik. Bis 11 cm. Auf Sandgrund in 200—300 m Tiefe. In Mengen auftretend. Brutpflege wie bei *G. paganellus*. Bildet in der Ostsee eine kleinere (bis 6 cm) und stärker pigmentierte Rasse aus. — *Aphya pellucida* Nardo, Atlantik, Mittelmeer, Schwarzes Meer. Körper gestreckt, glasartig durchscheinend. Meist in riesigen Schwärmen in Tiefen von 3—50 m. ♂ bis 6, ♀ bis 5 cm. Werden in 1 Jahr geschlechtsreif und sterben nach dem Laichen ab. Werden gegessen. — *Crystallogobius linearis* v. Düben und Koren, Atlantik, Mittelmeer. Schlanker nackter Körper mit weiter Mundöffnung und vorragendem Unterkiefer. ♂ bis 47, ♀ bis 39 mm. Tiere sind glasklar und durchscheinend

(Wirbel sind sichtbar). Pelagisch lebend in 10—400 m Tiefe. Nahrung: Plankton. Wachsen ebenfalls in einem Jahr heran und sterben nach dem Ablaichen.

6. Unterordnung: *Callionymoidea*

Meeresbewohner, vorwiegend Grundfische der Küste oder des tieferen Wassers. Meist langgestreckter, oft aalförmiger Körper mit langer R und A. B klein, auch rudimentär oder fehlend.

1. Familie: *Callionymidae*, Leierfische, Atlantik, Mittelmeer, Indo-Pazifik. Lebhaft gefärbte Fische mit niedergedrücktem — mehr oder weniger dreieckigem — Kopf (von oben gesehen). Zugespitzte kleine Mundöffnung mit vorstreckbarem Oberkiefer. Schleimige nackte Haut. Kiemenöffnung auf ein kleines rundes Loch im Operculum reduziert. Ohne Schwimmblase. — *Callionymus lyra* L., Leierfisch, Atlantik, Mittelmeer. ♂ bis 30, ♀ bis 25 cm. Starke Geschlechtsunterschiede, früher ♀ als eigene Art beschrieben. ♂ mit sehr langem Stachel an der R_1. Färbung wechselt beim ♂. Rücken gelbbraun, Bauch gelblich weiß mit grüner und blauer Fleckung. ♀ rotbraun, Bauch weiß, unregelmäßig gefleckt. — *C. maculatus* Raf., Atlantik, Mittelmeer, fehlt in der Nord- und Ostsee und an der französischen Westküste. Kleinere Art mit blauer, grüner und goldgelber Färbung des ♂. Beide Arten in Tiefen bis 360 m. Grundfische, laichen in Küstennähe. Nahrung: Schnecken und Kleinkrebse. Ohne wirtschaftlichen Nutzen.

2. Familie: *Blenniidae*, in allen Meeren. Körper aalförmig, nackt oder mit kleinen Cycloidschuppen, schleimig. Lange mediane Flossensäume. Mund mehr oder weniger vorstreckbar. Kehlständige (rudimentäre) B. Schwimmblase fehlt. Fischereilich fast ohne Bedeutung. — *Blennius gattorugine* Bloch, Atlantik, Mittelmeer. Bis 25 cm. Im tieferen Wasser, liebt felsigen Grund. Braun bis olivgrau gefärbt, mit dunkler Querbänderung. Fortpflanzung und Larven nicht bekannt. Lebt von Kleinkrebsen und Mollusken. — *Chirolophis ascanii* Walbaum, Atlantik. 15—30 cm lang. Mit verzweigten Hautanhängen über den Augen und an den vorderen Stacheln der R. — *Centronotus gunnellus* L., Butterfisch, Atlantik (auch Ostsee), Ostküste Nordamerikas. Bis 25 cm. Eier werden von den Eltern abwechselnd bewacht. Larven leben ein halbes Jahr pelagisch und werden bei 3 cm Körperlänge zum Bodenfisch. — *Lumpenus maculatus* Fries., Nordatlantik. Bis über 25 cm. Lebensweise nicht bekannt.

3. Familie: *Anarrhichadidae*, Atlantik. Langgestreckter Körper mit langer R und A. Ohne Br. Weites Maul mit sehr starkem Gebiß. Nahrung: Stachelhäuter, Muscheln, Krebse. — *Anarrhichas lupus* L., Seewolf, Kattfisch, nördliches Eismeer bis Nordsee. Selten in der Ostsee. Bis 1,25 m. Braungrau gefärbt mit etwa 12 dunklen dorsalen Querbinden. Fleisch wohlschmeckend. — *A. minor* Olafsen, gefleckter Seewolf, Nordatlantik. Bis 2 m. Lebensweise nicht bekannt.

4. Familie: *Zoarcidae*, arktische Meere. Walzenförmiger Körper. Kopf mit weiter Mundöffnung und dicken Lippen. Sehr lange R und A, die hinter der Schwanzspitze zusammenfließen. Keine deutliche S. Alle Arten sind vivipar. — *Zoarces viviparus* L., Aalmutter, Nordatlantik bis zum Kanal, auch westliche Ostsee (Abb. 58). Bis 45 cm. Häufiger Fisch der Seegraswiesen.

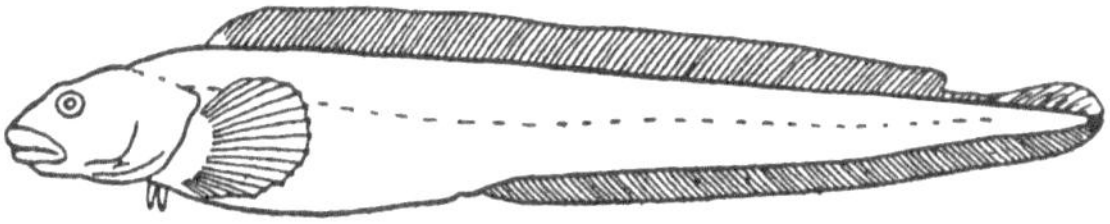

Abb. 58. *Zoarces viviparus* L. — (Nach Rauther: Fische, Sammlung Göschen, S. 111, Fig. 26.)

Raubfisch. Ein ♀ bringt bis zu 400 vollentwickelte Jungfische (4—5 cm groß) zur Welt. Wirtschaftlich kaum nutzbar.

5. Familie: *Lycodidae*, nördliche Meere, einige Arten auch in tropischen Meeren. Aalförmiger Körper, Haut nackt oder mit kleinen einzeln stehenden Schuppen. R und A zusammenfließend, S fehlt. B kehlständig und kurz. Ohne Schwimmblase. — *Lycodes vahli* Reinhardt, Grönland, mit der bei uns vorkommenden Zwergform *var. gracilis* Sars (bis 20 cm). — *Lysenchelis sarsi* Collett, Nordsee. In Tiefen bis zu 600 m. Bis 19 cm lang. Lebensweise unbekannt.

7. Unterordnung: *Stromateoidea*

Diese Unterordnung enthält nur wenige Familien, z.B. die marinen z.T. pelagisch lebenden *Stromateidae* und die nur im Süßwasser vorkommenden *Ophiocephalidae*.

1. Familie: *Stromateidae*, Deckenfische, gemäßigte und tropische Meere. Gestreckter und seitlich zusammengedrückter Körper mit sehr kleinen Cycloidschuppen. Kiefer mit schwachen Zähnen. B brustständig, z.T. fehlend. — *Stromateus fiatola* L., Mittelmeer. B fehlen. — *Nomeus Gronovii* Gthr., At-

lantik, Indischer Ozean. Mit großen B, die in eine Furche am Bauch eingeschlagen werden können. Lebt oft in Gesellschaft von Röhrenquallen *(Physalia)*. — *Centrolophus pompilus* Day, Atlantik, Mittelmeer. Basis von R und A beschuppt. Auge mit Fettlid. Bis 70 cm. Braunschwarz mit länglichen Flecken an Flossen und Rumpf. Wohlschmeckendes Fleisch. Die Art wird selten gefangen. Lebensweise unbekannt.

2. Familie: *Ophiocephalidae*, Schlangenköpfe, im Süßwasser Indiens und Afrikas. Cycloidschuppen bedecken Kopf und Rumpf. Lange R und A. Schwimmblase langgestreckt und mit offenem Luftgang. Suprabranchialräume vorhanden, aber ohne akzessorisches Kiemenorgan. Bewegen sich auch an Land durch Schlängelbewegungen rasch vorwärts. Die tropische Trockenzeit überdauern sie im feuchten Schlamm der Gewässer. — *Ophiocephalus obscurus* Gthr., Afrika.

8. Unterordnung: *Anabantoidea*

Sie vereinigt in den *Anabantidae* die sehr verschieden gestalteten und meist lebhaft gefärbten sog. Labyrinthfische der Süßwässer Asiens und Afrikas. Die Arten besitzen ein akzessorisches Atmungsorgan in labyrinthartigen Höhlungen des 1. Kiemenbogens und nehmen die Luft von der Wasseroberfläche auf. Viele bekannte Aquarienfische.

Familie: *Anabantidae*, Verbreitung wie oben. Meist kleine Arten mit brustständigen B. Kiemenspalten eng. Schwimmblase oft sehr groß. — *Anabas scandens* Dald., Kletterfisch, Ostindien. Hält sich oft außerhalb des Wassers auf (nach Roule bis zu 7 oder 8 Tagen) und bewegt sich schnell und geschickt mit Hilfe des 1. Strahls der Br und der Stacheln am Kiemendeckel vorwärts. Gräbt sich während der Trockenzeit im Schlamm ein. — *Polyacanthus (Macropodus) viridi — auratus* Lac., Paradiesfisch, Macropode, Südchina. Zuchtrasse mit verlängerten Flossenenden. ♂ baut ein Schaumnest durch Aufnahme von Luft, unter Verwendung eines schleimigen Mundsekrets. Brutpflege. — *Osphromenus Goramy* Lac., Gurami, Sundainseln. Größte Art der Familie, bis 1 m, mit sehr langen fadenförmigen 1. Strahlen der B. Nestbau aus Pflanzenteilen durch ♂ und ♀. — *Trichogaster leeri* Bleeker, Mosaikfadenfisch, Siam, Sundainseln. B nur noch aus 1 langen Faden bestehend. — *Colisa (Trichogaster) lalia* Hamilton, Zwergfadenfisch, Bengalen, Assam. — *Betta splendens* Regan, Kampffisch, Südostasien. Von den Siamesen wegen seiner Kampflust gezüchtet. Brutpflege und Nestbau ähnlich wie bei den Macropoden. Im tropischen Afrika wird die Familie u.a. durch die Gattung *Spirobranchus*, *Ctenopoma* und *Micracanthus* vertreten.

9. Unterordnung: *Mugiloidea*

Hierher gehören: die *Atherinidae* (Ährenfische), meist Küstenbewohner der gemäßigten und tropischen Meere, einige Arten im Süßwasser; die *Mugilidae* (Meeräschen) mit gleicher Verbreitung und die *Sphyraenidae* (Pfeilhechte) im Atlantik und Mittelmeer. Allen gemeinsam sind 2 mehr oder weniger weit voneinander entfernte R.

1. Familie: *Atherinidae*, Ährenfische. Kleinere Raubfische mit mehr oder weniger langgestrecktem Körper. Beschuppung cycloid oder ctenoid. Oberständige Mundöffnung. Schwache Bezahnung, zuweilen fehlend. Große seitliche Augen. Schwimmblase ohne Luftgang. In Küstennähe gesellig lebend. — *Atherina presbyter* Jenyns, Priester- oder Ährenfisch, Atlantik, Mittelmeer, Nordsee. Bis 20 cm. Larven leben pelagisch. Laicht vom März bis August. Sonstige Lebensweise unbekannt. — *A. hepsetus* L., Atlantik, Mittelmeer. — *A. mochon* C. V., Mittelmeer. — *A. lacustris* Bp. in Seen Mittelitaliens. — *Telmatherina ladigesi* Ahl, Segelfisch, Celebes. Körper ziemlich durchscheinend.

2. Familie: *Mugilidae*, Meeräschen. In allen gemäßigten und tropischen Meeren. Schlanker seitlich zusammengedrückter Körper mit kleiner Mundöffnung. Sehr kleine Zähne, oft fehlend. Schwimmblase ohne Luftgang. Gegabelte S. Sehr lange und ein dichtes Filter bildende Kiemenreusen. Stark muskulöser Kaumagen und sehr langer Darm. Nahrung: Mollusken und Krebse. Zum Teil wertvolle Speisefische. — *Mugil chelo* Cuv., dicklippige Meeräsche, Küsten Europas und Ostküste Nordamerikas. Ostsee selten. Bis 65 cm. — *M. capito* Cuv., dünnlippige Meeräsche, Atlantik, Mittelmeer. Bis 50 cm. — *M. auratus* Risso, Goldmeeräsche, gleiche Verbreitung. Bis 50 cm. Seiten goldig schimmernd mit goldbraunem Fleck am Kiemendeckel. — *M. cephalus* L., Mittelmeer. Alle Arten gehen gern in die Flußmündungen und laichen im Brackwasser.

3. Familie: *Sphyraenidae*, Pfeilhechte, in warmen Meeren. Walzenähnlicher langgestreckter Körper mit Cycloidschuppen. Weite Mundöffnung mit kräftiger Bezahnung. Raubfische. Werden gegessen. — *Sphyraena vulgaris* Cuv. und Val., gemeiner Pfeilhecht, Atlantik, Mittelmeer. Bis 1 m. — *S.*

picuda Bl. Sch., Barracuda, Westindien. Soll eine Länge bis 3 m erreichen und als gieriger Raubfisch Badenden gefährlich werden.

18. Ordnung: *Scleroparei* (Panzerwangen)

Die Angehörigen dieser Ordnung weichen in Gestalt und Lebensweise sehr voneinander ab. Bei allen tritt aber das Präoperculum durch einen besonderen Stützknochen mit den Infraorbitalia in Verbindung. B brustständig. Br in der unteren Hälfte mit verdickten Strahlen, z.T. ohne Flossenhaut.

1. Familie: *Scorpaenidae*, in allen Meeren. Kopfknochen z.T. mit Dornen. Kopfpanzerung fehlt oder nur unvollständig. Haut nackt oder mit Ctenoidschuppen. Vollständige Seitenlinie, Flossenstacheln z.T. mit Giftdrüsen. Genitalpapille vorhanden, beim ♂ länger als beim ♀. Zum Teil vivipar. — *Sebastes marinus* L., großer Rotbarsch, Nordatlantik. Bis 1 m. Zinnoberrot gefärbt, Bauch weiß bis rötlich-weiß. — *S. viviparus* Kroyer, kleiner Rotbarsch, Atlantik, oft in Küstennähe. Höchstens 50 cm. Rotfärbung weniger intensiv. Beide Arten sind Raubfische in größeren Tiefen (großer Rotbarsch bis zu 1000, kleiner bis zu 400 m). Äußerst wertvolle Speisefische. — *Scorpaena dactyloptera* Delaroche, Blaumaul, Atlantik. Bis 50 cm. Viviparer Raubfisch mit dunkelblauer Mund- und Kiemenhöhle. Lebensweise fast unbekannt. — *S. scrofa* L., Goldbars, Atlantik, Mittelmeer. — *S. porcus* L., Meereber, Meerengel, gleiche Verbreitung. Bis 25 cm. Rotbraun mit dunkler Flekkung.

2. Familie: *Triglidae*, Knurrhähne, Atlantik, Mittelmeer. Kopf ohne Schuppen, gepanzert und mit Dornen. Körper beschuppt oder mit Knochenschildern. 2 getrennte R. Weit auseinanderstehende Br mit 2—3 freien Strahlen (ohne Flossenhaut) als Tastorgane und zum Kriechen (jeder Strahl ist für sich beweglich). Genitalpapille fehlt. Bodenfische, nicht in Strandnähe. Name von dem knurrenden Geräusch, das durch die Muskulatur der zweiteiligen Schwimmblase hervorgebracht wird. — *Trigla gurnardus* L., grauer Knurrhahn (Abb. 59), Atlantik, Mittelmeer (Ostsee bis Rügen). Bis 50 cm. — *T. hirundo* Bloch, roter Knurrhahn, Atlantik, Mittelmeer. Bis 75 cm. Beide Arten wirtschaftlich genutzt. — *Prionotus evolans* L., Atlantik.

3. Familie: *Cottidae*, Seeskorpione, nördliche Meere und Binnengewässer. Der niedergedrückte Kopf ist nicht oder nur unvollständig gepanzert. Kiemendeckel mit Dornen. End

ständiger weiter Mund. Körper keulenförmig, nackt oder mit Schuppenreihen längs der Seitenlinie. 2 fast immer getrennte R. Freie Strahlen der Br fehlen. ♂ mit Genitalpapille. Ohne

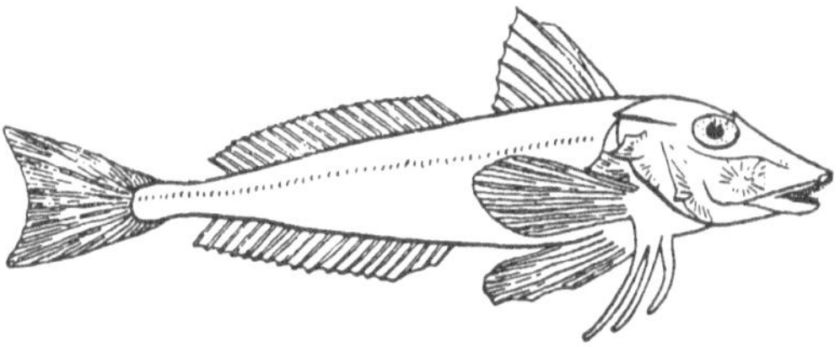

Abb. 59. *Trigla gurnardus* L. — (Nach Rauther: Fische, Sammlung Göschen, S. 108, Fig. 25.)

Schwimmblase. Räuberisch lebende Bodenfische. ♂ zur Laichzeit mit Schmuckfarben. Innere Befruchtung, Eier werden bewacht, Larven leben pelagisch. Bei einigen Arten ebenfalls knurrende Töne, erzeugt durch die Muskulatur des Opercularapparates. — *Cottus gobio* L., Kaulkopf, Groppe (Abb. 60),

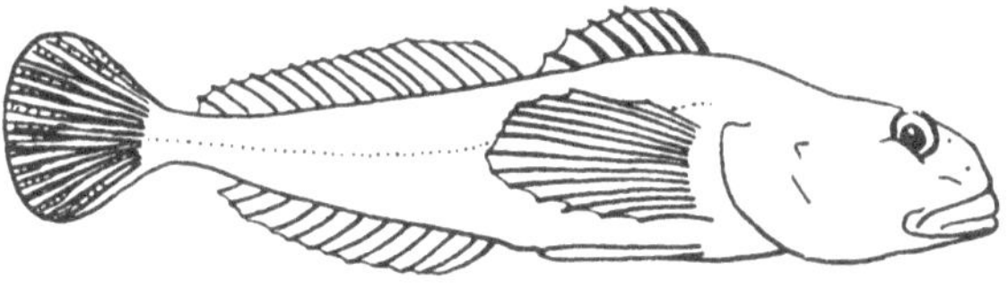

Abb. 60. *Cottus gobio* L. — (Nach Mohr aus Duncker.)

in klaren Bächen und Seen und in der östlichen Ostsee. Bis 15 cm. Brutpflege des ♂. — *C. scorpius* L., gemeiner Seeskorpion, Eismeer bis Biscaya. Bis 30 cm. Häufig, bevorzugt steinigen Grund mit Tangbewuchs. Räuberisch lebend. Ohne wirtschaftliche Bedeutung. — *C. quadricornis* L., vierhörniger Seeskorpion, Nordatlantik, östliche Ostsee (Relictform). Bis 30 cm. Hinterrand vom Präoperculum mit 4 Stacheln. Färbung und Lebensweise ähnlich *C. scorpius*. — *Cottunculus microps* Collett, Eismeer. Bis 18 cm. R ungeteilt. Grundfisch (300—900 m). Lebensweise wenig bekannt. Hierher gehören ferner die Gattungen *Icelus* und *Triglops*.

4. Familie: *Agonidae*, nördliche Meere und Pazifik (Küste von Chile). Kopf und Körper vollständig mit Knochenplatten gepanzert. Mund klein, unterständig, mit schwachen Zähnen. 2 Rückenflossen. Ohne Schwimmblase. — *Agonus cataphractus* L., Steinpicker, Nordatlantik, Nord- und Ostsee. Bis 20 cm. Bodenfisch der Küstengewässer. Nahrung: Kleinkrebse und Würmer. Keine wirtschaftliche Bedeutung. Die 2 mm großen Eier brauchen fast 1 Jahr zur Entwicklung.

5. Familie: *Dactylopteridae*, Flughähne, Mittelmeer, tropische und subtropische Meere. Kopf ganz gepanzert. Körper mit harten gekielten Schuppen. Seitenlinie fehlt. 2 Rückenflossen. Sehr lange Br als Flugorgan. Treten in großen Mengen auf. Können als einzige — außer den echten fliegenden Fischen *(Exocoetus)* — aus dem Wasser schnellen und kurze Strecken mit Hilfe der großen Br fliegend zurücklegen. — *Dactylopterus volitans* L., Flughahn, Mittelmeer, Atlantik.

6. Familie: *Cyclopteridae*, nördliche Meere. Kurzer gedrungener Körper. Haut dick und ohne Schuppen. Auf jeder Seite 3 Längsreihen von Knochenhöckern. 2 Rückenflossen, R_1 von der dicken Körperhaut umwachsen und mit einer Reihe Knochenwarzen. B sind untereinander und mit der Bauchhaut verwachsen und bilden eine ovale Haftscheibe. Ohne Seitenlinie und Schwimmblase. Knorpeliges Skelett. — *Cyclopterus lumpus* L., Seehase, Lumpfisch, Atlantik, Nord- und Ostsee. ♀ bis 50 cm. Das kleinere ♂ mit langer Genitalpapille und Hochzeitskleid (roter Bauch). Grundfisch, bevorzugt felsigen Boden, wo er sich mit der Haftscheibe an Steinen festsaugt. Die Eier werden vom ♂ bis zum Ausschlüpfen bewacht.

7. Familie: *Liparidae*, nördliche Meere. Körper kaulquappenähnlich, Haut nackt. Sehr lange R und A, die bis zur S laufen. Die untereinander und mit der Bauchhaut verwachsenen B bilden eine runde Haftscheibe. Skelett verknöchert. Bodenfische. — *Careproctus reinhardti* Kroyer, Nordatlantik. Bis 27 cm. Körper durchscheinend mit sehr schleimiger Haut. Bei Grönland aus 1300 m Tiefe gefangen. Lebensweise nicht bekannt. — *Liparis vulgaris* Flem., Scheibenbauch, Eismeer bis Nordsee (Wattenmeer) und atlantische Küste Nordamerikas. Bis 15 cm. Oft in Küstennähe (Elbemündung). Nahrung: Krabben *(Crangon)*. Auch in der östlichen Ostsee (nur bis 10 cm). Gilt als Relict der Yoldia-Zeit (wie *Cottus quadricornis*).

8. Familie: *Gasterosteidae*, Stichlinge, Küsten- und Binnengewässer Europas. Körper mehr oder weniger langgestreckt und seitlich zusammengedrückt. Haut nackt, eine Reihe Kno-

chenschilder längs der Seitenlinie. Endständiger kleiner Mund. Isolierte bewegliche Stacheln vor der weit zurückgesetzten R. Brutpflege bei allen Arten. Nestbau des ♂. Die vom ♀ darin abgelegten Eier werden bis zum Schlüpfen vom ♂ bewacht, das während dieser Zeit fast ununterbrochen mit den Br den Eiern frisches Wasser zufächelt. — *Gasterosteus aculeatus* L., dreistachliger Stichling, im Süß- und Seewasser der nördlichen Halbkugel. Bis 8 cm, im Kattegat jedoch bis 11 cm. Hochzeitskleid des ♂: Rücken blaugrün, Brust und Kehle leuchtend rot, R und A dunkler pigmentiert. Je nach der Vollständigkeit der Knochenschilderreihe längs der Seitenlinie werden noch die *f. trachurus* Cuv. und Val., die *f. semiarmata* Cuv. und Val. und die *f. leiurus* Cuv. und Val. unterschieden. Alle leben räuberisch und fressen Würmer, kleine Krebse, Insektenlarven,

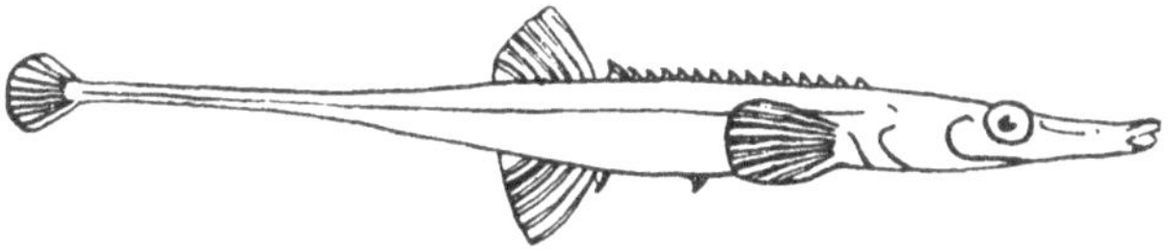

Abb. 61. *Spinachia vulgaris* Flem. — $^2/_3$ nat. Größe. (Nach Möbius und Heincke aus Duncker.)

Fischeier und Fischbrut. — *Pygosteus pungitius* L., zehnstachliger oder Zwergstichling, Verbreitung wie vorige Art, jedoch weniger im Süßwasser. Bis 7 cm. Seitenlinie bis zum Schwanzstiel ohne Knochenplatten. — *Spinachia vulgaris* Flem., Seestichling, Atlantik (Abb. 61). Schlanker bis 17 cm langer Fisch mit lang ausgezogener Schnauze. Bis 17 Stacheln vor der R. ♂ ohne besonderes Hochzeitskleid. Bis 10 m Tiefe zwischen Tang und Seegras. Nahrung: Krebse und kleine Fische.

9. Familie: *Pegasidae*, Küstenfische des Indischen Ozeans. Abgeflachter vollkommen gepanzerter Körper. Nur die Knochenschilder am Schwanz miteinander beweglich verbunden. Röhrenförmige zahnlose Schnauze. Br groß, flügelartig. Schwimmblase fehlt. — *Pegasus volans* L., Ostindien.

Zu den *Scleroparei* gehören ferner die *Platycephalidae* des Indischen Ozeans, die *Hexagrammidae* und die *Synanceidae* (Poison-fishes) aus dem Indo-Pazifik, deren Rückenflossenstacheln mit Giftdrüsen in Verbindung stehen und die deshalb von den einheimischen Fischern sehr gefürchtet sind.

19. Ordnung: *Discocephali*, Scheibenköpfe

Gestreckter Körper mit einer ovalen sehr kompliziert gebauten Saugscheibe auf dem flachen Kopf, mit der sich die Fische an größere (z. B. Haie) festsaugen und mit herumschleppen lassen. Weite Verbreitung.

Familie: *Echeneidae*, Schiffshalter, gemäßigte und tropische Meere. Haut mit kleinen Cycloidschuppen. B brustständig, mit der Bauchhaut verwachsen. R und A stehen einander gegenüber. — *Remora remora* L., warme Meere. Bis 46 cm. Saugt sich als träger Schwimmer u. a. auch an Schildkröten fest, bevorzugt sonst aber Haie.

20. Ordnung: *Heterosomata*

Hauptmerkmal aller hierher gehörenden sog. Plattfische ist die starke Asymmetrie, die bei keinem anderen Fisch vorkommt. Körper scheibenförmig mit sehr langer R und A. Augen und Nasenlöcher auf eine Körperseite verlagert, die bei jeder Art konstant ist (siehe: Entwicklung, S. 57). Alle Arten sind Bodenfische, deren obere dem Licht zugekehrte Körperseite pigmentiert ist (Farbwechsel). Die untere Seite ist pigmentlos. Mit Ausnahme der Flunder, die auch ins Süßwasser geht, sind alle Plattfische Meeresbewohner und bevorzugen vielfach sandige flache Küstengewässer. Ihre Nahrung besteht aus Würmern, Krebsen, Mollusken, Echinodermen und Fischen. Durch den Individuenreichtum einiger Arten gehören sie mit zu den wichtigsten Nutzfischen.

1. Familie: *Hippoglossidae*, Nordatlantik. Körper schlank, länglich. Augen auf der rechten Körperseite. — *Hippoglossus vulgaris* Flem., Heilbutt, Nordatlantik und Nordpazifik. Größte Plattfischart, bis zu 2 m. Frißt auch größere Fische (Dorsche). — *Drepanopsetta platessoides* O. Fabr. (= *Hippoglossoides limandoides* O. Fabr.), rauhe Scholle, unechte Kliesche, Nordeuropäische Meere. Augen rechts. Bis 25 cm.

2. Familie: *Pleuronectidae*, Nordatlantik, Mittelmeer. Durch den Individuenreichtum einzelner Arten bildet diese Familie nach den Schellfischen und Heringen mit den Hauptfang der Küsten- und Hochseefischerei. Augen auf der rechten Körperseite (mit 1 Ausnahme). Kleine Schuppen, zuweilen Hautverknöcherungen. — *Pleuronectes flesus* L., Flunder, Atlantik, Nord- und Ostsee, Weißes Meer, Schwarzes Meer. Auch im Süßwasser. Augen im allgemeinen rechts, doch kommen auch als einzige Ausnahme links ausgebildete Flundern vor. Ver-

hältnis von $^2/_3$ Rechtsflundern zu $^1/_3$ Linksflundern. Bis 50 cm. An der Basis der unpaaren Flossen und längs der Seitenlinie rauhe Körperstellen. Bevorzugt sandigen Boden. Laicht von Februar bis April. — *P. platessa* L., Scholle, Goldbutt (Abb. 62) Küsten Europas, Nord- und Ostsee, Weißes Meer. Der Flunder sehr ähnlich, aber glatt und ohne rauhe Stellen. Augen rechts. Bis 90 cm. Liebt schlammigen Boden. Laicht im April und Mai. — *P. microcephalus* Donovan, Rotzunge, Atlantik, Nordsee, selten in der Ostsee. Kleiner Kopf mit sehr

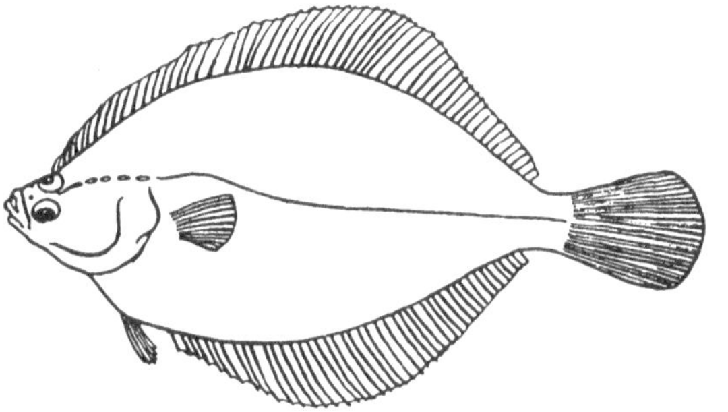

Abb. 62. *Pleuronectes platessa* L. — (Nach Schnakenbeck.)

kurzer Schnauze. Bis 40 cm. Laicht ab Mai. — *P. cynoglossus* L., Hundszunge, Aalbutt, Atlantikküste von Nordnorwegen bis Westfrankreich, Küste Ostamerikas bis Kap Cod, westliche Ostsee selten. Schlanker Körper (bis 50 cm) mit schmalen Flossensäumen. Augen rechts. — *P. limanda* L., Kliesche, Scharbe, europäische Küsten, Nord- und Ostsee. Im Gegensatz zur sehr ähnlichen Scholle mit rauher Körperoberfläche.

3. Familie: *Rhombidae*, Atlantik, Mittelmeer. Augen auf der linken Körperseite. Schuppen klein oder fehlend. — *Rhombus maximus* L., Steinbutt, Mittelmeer, europäische Küsten (Nordgrenze: Drontheimfjord), Ostsee. Sehr hoher fast kreisrunder Körper. Bis 1 m, in der Ostsee erheblich kleiner. Schuppen fehlen, auf der Augenseite größere Hautknochen. Laicht im Mai. — *R. laevis* (Rondelet) Gottsche, Glattbutt, Atlantikküsten vom Mittelmeer bis zum Stavangerfjord und westliche Ostsee. Dem Steinbutt sehr ähnlich, nur schlanker und kleiner (bis 60 cm). Glatte Haut ohne Verknöcherungen. —

Scophthalmus norvegicus Gthr., Zwergbutt, Nordsee. Nur bis 12 cm groß. — *Zeugopterus punctatus* Bloch, europäische Küsten. Bis 25 cm. Körper bildet eine Ellipse, wobei die Flossen fast den ganzen Körperrand umsäumen. Sehr steile beinahe senkrechte Stellung des Mundes. Haut rauh.

4. Familie: *Bothidae*, Atlantik, Mittelmeer, Indischer Ozean. Augen auf der linken Körperseite. Große lose sitzende Schuppen. — *Arnoglossus laterna* Walb., Lammszunge, Nordsee. Schlanker bis 19 cm langer Fisch mit durchscheinendem Körper.

5. Familie: *Soleidae*, Seezungen, Atlantik, Mittelmeer. Augen auf der rechten Körperseite. Gestreckter Körper mit sehr kleinen Ctenoidschuppen. — *Solea vulgaris* Quens., gemeine Seezunge, Mittelmeer, Nordsee und westliche Ostsee. Auch im Brackwasser, z.B. Lagunen Venedigs. Haut rauh (bedornte Schuppen). Bis 60 cm. Lebt auf schlammigem Boden. Laicht im Mai und Juni. — *S. lutea* Risso, Zwergzunge, Küsten Europas. Ähnelt in Form und Farbe sehr der gemeinen Seezunge, ist aber viel kleiner (bis 12 cm).

Aus dem Artenreichtum der Tropen ist besonders die Familie der *Cynoglossidae*, Hundszungen, zu erwähnen, die im Indischen Ozean beheimatet sind und vor allem in den flachen sandigen Küstengewässern Chinas in Massen auftreten. Langer schlanker Körper mit Ctenoidschuppen, Br fehlen. Augen auf der linken Körperseite. Über 30 Arten.

21. Ordnung: *Plectognathi*, Haftkiefer

Bewohner der warmen Meere, oft an der Küste, selten in Flußmündungen. Körper gedrungen mit Stacheln oder Knochenschildern, selten nackt. Maxillare und Intermaxillare fest miteinander verwachsen. Frontalia stehen mit den Supraoccipitalia in Verbindung. Enge Mundspalte und enge Kiemenöffnungen. Geringe Wirbelzahl. B und R können fehlen oder sind stark rückgebildet. Opercularknochen z.T. reduziert. Schwimmblase ohne offenen Gang.

1. Familie: *Triacanthidae*, Indischer Ozean. Körper seitlich stark abgeplattet und mit kleinen runden Schuppen. Großer Kopf mit vorgezogener Mundöffnung. B bis auf 1 starken aufrichtbaren Stachel reduziert. R ebenfalls mit starkem vorderstem Stachel. — *Triacanthus brevirostris* Val., Küsten Indiens und Australiens. Bis 30 cm. Nahrung: Mollusken (starke Bezahnung) und kleine Fische.

2. Familie: *Balistidae*, tropische und subtropische Meere. Körper mit starken Knochenschildern oder mit kleinen stacheltragenden Schuppen. R_1 mit 3 harten Stacheln, von denen der erste sehr lang ist und in einer Aushöhlung seiner Rückseite einen Fortsatz des zweiten kleineren Stachels aufnimmt, wodurch der erste festgestellt wird und als Waffe dient. Soll er niedergelegt werden, so muß erst der zweite Stachel zurückgelegt werden und damit die Sperrvorrichtung aufheben. Starke Bezahnung. Nahrung: Mollusken, Korallen, Fische. Können durch Reibung zweier Knochen des Schultergürtels trommelnde Laute hervorrufen. — *Balistes capriscus* Gm., Atlantik, Mittelmeer. Bis 40 cm. — *B. maculatus* Bl., Atlantik, Indischer Ozean. Bis 40 cm. Lebensweise fast unbekannt.

3. Familie: *Ostraciontidae*, Kofferfische. Küsten vom tropischen Asien, Afrika und Amerika. Körper kofferähnlich, 3- oder 4kantig, vollständig gepanzert (fest verwachsene Knochenplatten). Mundöffnung, Schwanzstiel und Basis der Flossen mit weicher Haut. B fehlen. — *Ostracion cornutus* L., Panzer läuft über jedem Auge und an den Körperseiten unterhalb der S in einen langen Dorn aus. Zitronengelbe Färbung mit blauen Flecken. — *O. triqueter* L., Westindien.

4. Familie: *Tetrodontidae*, Kugelfische, warme Meere, einige Arten im Süßwasser. Kurzer walzenförmiger Körper mit rauher oder stacheltragender Haut. Zähne miteinander verschmolzen, so daß im Ober- und Unterkiefer je eine schnabelartige Zahnleiste entsteht, die durch eine senkrechte Mittelnaht geteilt werden. R ohne Stacheln. B fehlen. Magen mit sehr großem ventralem Sack, der mit Luft gefüllt werden kann. Als Schutz gegen Feinde blähen sie dann den Körper kugelig auf und treiben so — mit dem Bauch nach oben — auf der Wasseroberfläche. — *Tetrodon lagocephalus* L., Atlantik, Pazifischer Ozean. — *T. fahaka* Hasselq., Nil und westafrikanische Flüsse.

5. Familie: *Diodontidae*, Igelfische, tropische Meere. Ähnlich der vorigen Familie, doch sind die Zähne in Ober- und Unterkiefer völlig verschmolzen (ohne Mittelnaht). Haut mit sehr vielen aufrichtbaren Stacheln, die beim Aufblähen des Luftsackes nach allen Seiten abstehen. — *Diodon hystrix* L., Igelfisch, Atlantik, Indischer Ozean (Abb. 63).

6. Familie: *Molidae*, Sonnenfische, gemäßigte und wärmere Meere. Kurzer hoher und seitlich zusammengedrückter Körper mit rauher Haut. Sehr kurzer abgestutzter Schwanz, R und A reichen bis zur S. Ohne B. Zahnleisten ohne Nähte.

Schwimmblase und Luftsack nicht vorhanden. Pelagisch lebend. — *Mola (Orthagoriscus) mola* L., Mondfisch, Kosmopolit. Bis 2,50 m und viele Zentner schwer. — *Ranzania truncata* Retzius, Atlantik, Mittelmeer, Pazifik. Bis 70 cm. Haut

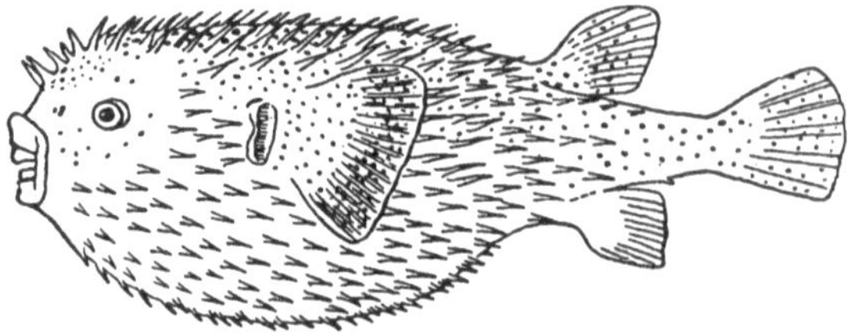

Abb. 63. *Diodon hystrix* L. — (Nach Rauther: Fische, Sammlung Göschen, S. 117, Fig. 28.)

weich. Körper länger als hoch. Nahrung: Würmer und kleine Krebse. Lebensweise sonst unbekannt.

22. Ordnung: *Xenopterygii*

Die einzige Familie wird mit ihren Arten als veränderte Percoiden angesehen. Der nackte Körper trägt nur 1 R (ohne Stacheln), die wie die A schwanzständig ist. B kehlständig. Brust mit breiter oft quergeteilter Saugscheibe. Kiemenbögen reduziert. Schwimmblase fehlt.

Familie: *Gobiesocidae*, Küsten der gemäßigten und tropischen Meere. Kleine Grundfische, die sich mit ihrer Saugscheibe an Muscheln, Pflanzen und Felsen (auch in der Brandungszone) festsetzen. Vorstreckbarer Mund, Kiefer mit kleinen Zähnen. Carnivor. — *Lepadogaster bimaculatus* Pennant, europäische Küsten, Mittelmeer. Bis 7 cm. Weißgelb — orangerot gefärbt (variiert stark). Auf Sandboden zwischen Muschelschalen und Steinen. Eier werden vom ♂ bewacht. Nahrung: kleine Krebse.

23. Ordnung: *Haplodoci*

Enthält nur 1 Familie: *Batrachidae*. Der langgestreckte Körper mit 2 R, von den die kurze R_2 nur wenige Stacheln aufweist. 3 Kiemenbögen, keine Pseudobranchialkiemen. Schwimmblase vorhanden.

Familie: *Batrachidae*, Küsten der gemäßigten und tropischen Meere. Breiter dicker Kopf, Körper nackt oder mit kleinen

Cycloidschuppen. Kiefer, Vomer und Gaumen mit kleinen kegelförmigen Zähnen. Lange R_2 und A. Kehlständige B. Carnivor. — *Batrachus didactylus* Bloch und Schneider, Krötenfisch, Atlantik, Mittelmeer. Bis 45 cm. Lebensweise unbekannt. — *B. tau* Storer, im flachen Küstenwasser Nordamerikas. Nahrung: Würmer, Krebse, Muscheln. Brutpflege. Eier und Larven werden vom ♂ bewacht. — Die Gattung *Porichthys* mit 2 Arten an den Küsten Mittel- und Südamerikas.

24. Ordnung: *Pediculati*, Armflosser

In allen Meeren, z.T. in Küstennähe oder pelagisch lebend, andere in der Tiefsee. Viele bizarre Arten. Kopf und Rumpfvorderteil sehr groß. Haut nackt oder mit Stacheln und Hökkern. Großer unter der Haut liegender Kiemendeckel. Lochartige Kiemenöffnung. Kehlständige B. Wurzeln der Br armähnlich verlängert (dienen bei der Fortbewegung zum Weiterschieben). Die aus wenigen vereinzelten Stacheln bestehende R_1 kann auch fehlen. Schwimmblase ohne offenen Gang.

1. Familie: *Lophiidae*, Küsten Europas, Afrikas und Amerikas. Gedrungener plumper Körper mit breitem Kopf und weiter stark bezahnter Mundöffnung. Stacheln der R_1 frei beweglich.— *Lophius piscatorius* L., Seeteufel, Angler. Mittelmeer- und Atlantikküsten, Nord- und Ostsee (bis Warnemünde), Küsten Afrikas und Ostküste Nordamerikas. Bis fast 2 m. Der 1. Stachel der R steht vorn am Kopf, kann aktiv bewegt werden und trägt an seinem Ende einen eingekerbten Hautlappen, der wahrscheinlich zum Anlocken der Beute dient. Lebt räuberisch am Grunde zwischen Algen, wo er sich von Knurrhähnen, Rochen und anderen Bodenfischen ernährt. In Tiefen bis 550 m. Larven mit langdauernder Metamorphose. Der Seeteufel wird gegessen und kommt unter dem Namen „Forellenstör" in den Handel.

2. Familie: *Antennariidae*, tropische Meere. Sehr großer hoher Kopf mit fast senkrechter Mundspalte. Haut nackt oder mit kleinen Stacheln. R_1 besteht aus 3 isolierten Stacheln, von denen der 1. zum Tentakel geworden ist und über der Mundöffnung steht. Lebhaft gefärbte Fische, die sich ähnlich wie der Seeteufel ernähren. Leben pelagisch zwischen treibenden Tangwiesen oder in Küstennähe zwischen Steinen und Korallenriffen. — *Antennarius marmoratus* Gthr., tropischer Atlantik. Färbung: gelb oder braun marmoriert. Bis 20 cm.

3. Familie: *Ogcocephalidae*, tropische Meere. Vordere Körperhälfte niedergedrückt und sehr breit. Schnauze mit einem

mehr oder weniger langem Fortsatz, unter dem ein in eine Höhlung einziehbarer Tentakel liegt, der wahrscheinlich als Tastorgan dient. Haut mit vielen kegelartigen Höckern. — *Ogcocephalus (Malthe) vespertilio* L., Seefledermaus, Westindien. Lebensweise ähnlich *Antennarius*. An der Küste von China und Japan die Gattung *Halieutaea* (Körper mit kleinen sternförmigen Stacheln), im Atlantik die Gattung *Halieutichthys*.

4. Familie: *Ceratiidae*, alle Arten in der Tiefsee. Kopf mit sehr weiter fast senkrechter Mundspalte. Starke Bezahnung.

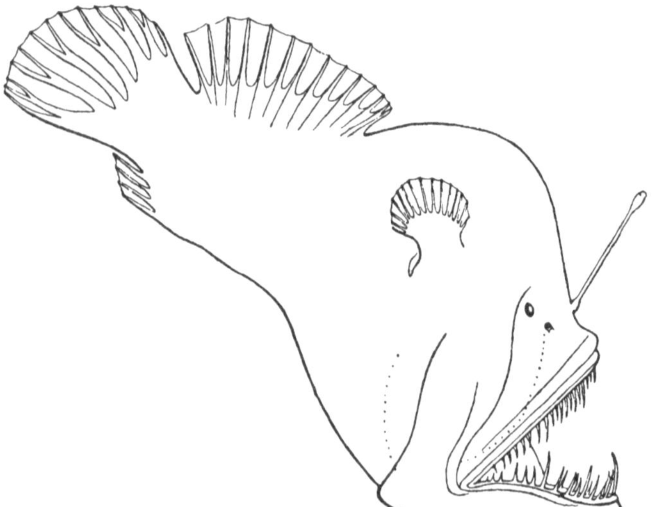

Abb. 64. *Melanocetus Johnsonii* Gthr. — (Nach Rauther: Fische, Sammlung Göschen, S. 114, Fig. 27.)

Sehr kleine Augen. Kiemenöffnung an der Basis der sehr kurzen Br., B fehlen. R_1 nur noch aus 1—2 Stacheln bestehend. Sehr lange S. Haut nackt aber mit vielen Dornen. — *Ceratias holbölli* Kröy, arktische Meere (vgl. Geschlechtsorgane S. 53). — *Melanocetus Johnsonii* Gthr., Atlantik. R_1 nur noch ein einziger langer am Kopf befindlicher Faden (Abb. 64).

25. Ordnung: *Opisthomi*

Nur 1 Familie. Süßwasserfische Asiens und Afrikas. Supraoccipitale mit den Frontalia in Verbindung. Schultergürtel weit hinter dem Schädel an der Wirbelsäule aufgehängt. Kiemendeckel liegen unter der Haut. B fehlen. Schwimmblase ohne offenen Gang.

Familie: *Mastacembelidae*, China, Indien, Syrien, Westafrika. Aalähnlicher Körper mit sehr kleinen Schuppen. Sehr lange R, deren vorderer Teil aus vielen kurzen einzeln stehenden Stacheln gebildet wird. — *Mastacembelus armatus* Lac., China, Vorderindien. — *M. gigas* Sauvage, Afrika.

26. Ordnung: *Symbranchii*

Körper aalähnlich, ohne paarige Flossen und ohne Barteln. Unpaarige Flossen rückgebildet. Haut nackt oder mit sehr kleinen Schuppen. Kiemenspalten zu einem ventral gelegenen Schlitz verschmolzen. Ohne Schwimmblase. Pylorusanhänge des Magens sowie Eileiter fehlen.

Familie: *Symbranchidae*, tropische Süß- und Brackwasser Asiens und Amerikas. — *Symbranchus marmoratus* Bl., Südamerika. Schuppen fehlen. 4 Kiemenbogen. — *Amphipnous cuchea* Buch. Ham., Bengalen. Mit winzigen Schuppen. 3 Kiemenbögen und akzessorisches Atmungsorgan durch einen gefäßreichen Luftsack über der 1. Kiemenspalte. — *Monopterus javanensis* Lac., Ostindien. Ohne Beschuppung. Bewohnt kleine oft trockenliegende Gewässer. Kann sich lange Zeit außerhalb des Wassers aufhalten und gräbt sich zur Trockenzeit im Schlamm ein.

3. Unterklasse: *Crossopterygii*, Quastenflosser.

Leiten zu den Tetrapoden über, mit denen sie im Bau des Schädels, der Wirbelsäule und der Extremitäten gewisse Übereinstimmungen zeigen. So weisen die Br z.B. Knochenstücke auf, die wie Radius und Ulna angeordnet sind.

Ordnung: *Actinistia*

Radialia der S stimmen mit der Zahl der entsprechenden Neural- und Hämalbögen überein.

Familie: *Coelacanthidae*. Haut mit Cycloidschuppen. Einfache Bezahnung. Opercularapparat rückgebildet (1 Operculum und 2 Jugularplatten). Paarige Flossen mehr oder weniger abgerundet und mit beschuppter Achse. 2 R vorhanden. In die gerundete S läuft ein axialer Strahl hinein. Schwimmblase in einer Knochenkapsel. — *Latimeria chalumnae* Smith, erst 1938 von Fischern an der Westküste Afrikas entdeckt. *Malania anjouanae* Smith, Comoren-Inseln, Südafrika. Erst 1952 entdeckt. Einzige recente Vertreter der von Perm bis zur Kreide weitverbreiteten Familie.

4. Unterklasse: *Dipneusti (Dipnoi)*, Lurchfische, Lungenfische

Knorpliges Skelett, nur z.T. verknöchert. Haut mit Cycloidschuppen. Breiter Kopf mit weiter Mundöffnung. Paarige Flossen mit gelenkiger Basis und beschupptem Schaft. Diphycerke S. Kiemen- und Lungenatmung. Keine Spritzlöcher. Conus arteriosus am Herzen vorhanden. Darm mit Spiralfalte und Kloake. Nur Süßwasserbewohner.

1. Familie: *Lepidosirenidae*, Flüsse Afrikas und Südamerikas. Schlanker Körper mit schmalen oft fadenförmigen paarigen Flossen. Paarige über dem Darm liegende Lungen. — *Lepidosiren paradoxa* Fitz., Amazonasgebiet. Bis über 1 m. Nimmt Atemluft von der Wasseroberfläche. Das Austrocknen eines Gewässers überlebt er in einer röhrenförmigen Grube. Mit Brutpflege. Die Eier werden vom ♂ bewacht. Die Larven haben Kaulquappenform, ferner 4 Paar äußere kammförmige Kiemen und 1 ventral gelegene Haftscheibe. — *Protopterus annectens* Owen, im Senegal. Bis fast 2 m. Mit 3 äußeren Kiemen. In der Trockenzeit vergräbt er sich im Schlamm, wo er in einer Kapsel aus abgesondertem erhärtetem Hautschleim ruht, der die Körperhaut feucht erhält. Nimmt nur tierische Nahrung; *Lepidosiren* zuweilen auch pflanzliche. Fortpflanzung und Larven ähnlich wie bei voriger Art (s. Abb. 27). — *P. aethiopicus* Heckel, im Nil.

2. Familie: *Ceratodontidae*, Flüsse Australiens. Haut mit großen Cycloidschuppen. Einfache langgestreckte Lunge über

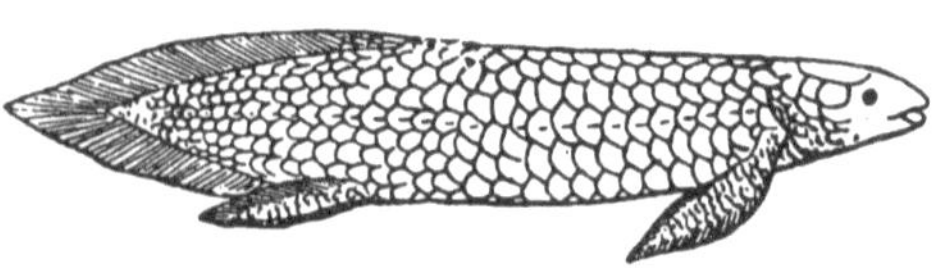

Abb. 65. *Neoceratodus forsteri* Krefft. — (Nach Rauther: Fische, Sammlung Göschen, S. 126, Fig. 33.)

dem Darm. Die paarigen Flossen mit breiteren Säumen, die von Nebenstrahlen gestützt werden. — *Neoceratodus forsteri* Krefft, Burnettfluß, Maryfluß, Australien (Abb. 65). Bis 2 m. Lebt im schlammigen Wasser, wobei hauptsächlich die Lungen zur Atmung benutzt werden. Nahrung: kleinere Wassertiere. Laichzeit: August-September. Eier besitzen eine aufquellende Gallerthülle. Die nach 10—12 Tagen schlüpfenden Larven ohne äußere Kiemen und Haftscheibe. Wurde 1870 entdeckt, nach dem die im Mesozoikum weit verbreitete Familie durch Fossilreste längst bekannt war.

LITERATUR

Arnold und Ahl: „Fremdländische Süßwasserfische." Verlag Wenzel und Sohn, Braunschweig 1936.

Dean, Bashford: Fishes, living and fossil. New York, Macmillan and Co. 1895.

Goode and Bean: Oceanic Ichthyology, a treatise on the deep — sea and pelagic fishes of the world. Washington 1895, Smithsonian Institution, US. National Museum, Special Bulletin.

Günther, A.: Catalogue of the Fishes in the British Museum. Bd. 1—8, London 1864—1870.

Günther, A.: Handbuch der Ichthyologie. Wien, 1886, Verlag C. Gerolds Sohn.

Hein, Nitsche und Röhler: Die Süßwasserfische Deutschlands. Berlin 1932, 5. Aufl., Verlag des Dtsch. Fischerei-Vereins.

Jordan and Evermann: The Fishes of North- and Middle America. Washington 1900, Bull. of the US-National Museum, Nr. 47.

Joubin: Faune Ichthyologique de l'Atlantique Nord. Kopenhagen, Verlag Andr. Fred. Höst et Fils.

Kyle, H. M.: The biology of fishes. London 1926, Verlag Sidgwick and Jackson.

Ladiges, W.: Korallenfische, ihre Lebensweise, Arten und Haltung. Braunschweig 1937. Verlag G. Wenzel u. Sohn.

Moebius, K., und Heincke, Fr.: Die Fische der Ostsee. IV. Ber. d. Komm. z. Unters. d. dtsch. Meere. Kiel 1882.

Norman, J. R.: A History of Fishes. London 1931, Verlag E. Benn.

Rachow: Handbuch der Zierfischkunde. Stuttgart 1928. Verlag Julius E. G. Wegner.

Roulè, L.: Les poissons et le monde vivant des eaux. Paris 1935, Verlag Delagrave.

Weber-Beaufort: The fishes of the Indo-Australian Archipelago. Leiden 1911—1940, Bd. 1—8, Verlag E. J. Brill.

Die Fische der Nord- und Ostsee. Bearbeitet von G. Duncker, E. Ehrenbaum, H. M. Kyle, E. Mohr, W. Schnakenbeck. Teildruck aus Grimpe-Wagler: Die Tierwelt der Nord- und Ostsee.

REGISTER

SAMMLUNG GÖSCHEN

Jeder Band DM 2,40; Doppelnummern DM 4,80

DAS TIERREICH

Band III: S. Jaeckel, **Würmer.** 114 Seiten mit 36 Figuren. 1955. *(Band 439)*

Band IV, 2: A. Kaestner, **Spinnentiere und Tausendfüßler.** *(Band 1161).* In Vorbereitung

Band IV, 3: H. v. Lengerken, **Insekten.** 128 Seiten mit 58 Abbildungen. 1953. *(Band 594)*

Band V: S. Jaeckel, **Weichtiere.** 92 Seiten mit 34 Abbildungen. 1955. *(Band 440)*

Band VII, 2: D. Lüdemann, **Fische.** *(Band 356).* In Vorbereitung

Band VII, 3: K. Herter, **Lurche.** 144 Seiten mit 129 Abbildungen. 1955. *(Band 847)*

Mit den vorliegenden Bänden der Sammlung Göschen beginnt die neue Reihe „Das Tierreich", die allgemeinverständlich aber trotzdem völlig wissenschaftlich geschrieben ist und 14 Einzelbändchen umfassen wird.

K. Herter, **Vergleichende Physiologie der Tiere.** 3. Auflage.

Band I: **Stoff- und Energiewechsel.** 155 Seiten mit 64 Abbildungen. 1950. *(Band 972)*

Band II: **Bewegung und Reizerscheinungen.** 148 Seiten mit 110 Abbildungen. 1950. *(Band 973)*

H. Vogel, **Landwirtschaftliche Tierzucht.** Die Züchtung und Haltung der landwirtschaftlichen Nutztiere. 139 Seiten mit 11 Abbildungen. 1952. *(Band 228)*

DAS TIERREICH

Eine Zusammenstellung und Kennzeichnung der rezenten Tierformen

Begründet von der Deutschen Zoologischen Gesellschaft. Auskunft über Aufbau und Liefermöglichkeiten auf Anfrage

WALTER DE GRUYTER & CO. / BERLIN W 35

HANDBUCH DER ZOOLOGIE

Eine Naturgeschichte der Stämme des Tierreichs

Begründet von W. Kükenthal, fortgeführt von Th. Krumbach. Neu herausgegeben von H. von Lengerken und H. Helmcke

Zuletzt erschien:

Band VII, 1. Hälfte, Lieferung 4

CROCODILIA

Bearbeitet von O. von Wettstein

120 Seiten. 1954. DM 36,–

In Vorbereitung:

Band III, Lieferung 18

Verschiedene Reste und Nachträge

Etwa 120 Seiten. 1954. Etwa DM 36,–

Band VI, 1. Hälfte, Lieferung 6

PISCES

Bearbeitet von Schnakenbeck

Etwa 120 Seiten. 1954. Etwa DM 36,–

Band VIII

MAMMALIA

Unter der Schriftleitung von G. C. Hirsch

Nach den Gesichtspunkten der Biologie, Morphologie, Physiologie, Verhaltensforschung in 12 Monographien gegliedert. Insgesamt etwa 4000 Seiten. Erscheint in Lieferungen.

Ausführlicher Sonderprospekt über Preise und Liefermöglichkeiten kostenlos auf Anforderung

WALTER DE GRUYTER & CO. / BERLIN W 35

GESAMTVERZEICHNIS

SAMMLUNG GÖSCHEN

DAS WISSEN DER WELT IN KURZEN, KLAREN, ALLGEMEINVERSTÄNDLICHEN EINZELDARSTELLUNGEN NACH DEN LEHRPLÄNEN DER DEUTSCHEN UNIVERSITÄTEN UND HOCHSCHULEN AUFGEBAUT

JEDER BAND DM 2,40

DOPPELBAND DM 4,80

STAND NOVEMBER 1954

WALTER DE GRUYTER & CO.

BERLIN W 35

INHALTSVERZEICHNIS

Geisteswissenschaften

Philosophie · Pädagogik · Psychologie · Soziologie

Einführung in die Philosophie von *H. Leisegang*. 2. Auflage. 145 Seiten. 1953 . . . . Bd. 281

Erkenntnistheorie von *G. Kropp*. 1. Teil: Allgemeine Grundlegung. 143 Seiten. 1950 . . . . Bd. 807

Hauptprobleme der Philosophie von *G. Simmel†*. 7., unveränd. Auflage. 177 Seiten. 1950 . . . . Bd. 500

Geschichte der Philosophie

I: Die griechische Philosophie von *W. Capelle*. 1. Teil. Von Thales bis Leukippos. 2., erweiterte Auflage. 135 Seiten. 1953 . . . . Bd. 857

II: Die griechische Philosophie von *W. Capelle*. 2. Teil. Von der Sophistik bis zum Tode Platons. 2., stark erweiterte Auflage. 144 Seiten. 1953 . . . . Bd. 858

III: Die griechische Philosophie von *W. Capelle*. 3. Teil. Vom Tode Platons bis zur Alten Stoa. 2., stark erweiterte Auflage. 132 Seiten. 1954 . . . . Bd. 859

IV: Die griechische Philosophie von *W. Capelle*. 4. Teil. Von der Alten Stoa bis zum Eklektizismus im 1. Jahrhundert v. Chr. 2., stark erweiterte Auflage. 132 Seiten. 1954 . . . . Bd. 863

V: Die Philosophie des Mittelalters von *J. Koch*. In Vorbereitung . . . . Bd. 826

VI: Von der Renaissance bis Kant von *K. Schilling*. 234 Seiten. 1954 . . . . Bd. 394 / 394a

VII: Immanuel Kant von *G. Lehmann*. In Vorbereitung . Bd. 536

VIII: Die Philosophie des 19. Jahrhunderts von *G. Lehmann*. 1. Teil. 151 Seiten. 1953 . . . . Bd. 571

IX: Die Philosophie des 19. Jahrhunderts von *G. Lehmann*. 2. Teil. 168 Seiten. 1953 . . . . Bd. 709

X: Die Philosophie im ersten Drittel des 20. Jahrhunderts von *G. Lehmann*. In Vorbereitung . . . . . Bd. 845

Die geistige Situation der Zeit (1931) von *K. Jaspers*. 3., unveränderter Abdruck der 1932 bearbeiteten 5. Auflage. 211 Seiten. 1953 . . . . Bd. 1000

Philosophisches Wörterbuch von *M. Apel †*. 4., unveränderte Auflage. 260 Seiten. 1953 . . . . Bd. 1031

Geschichte der Pädagogik von *H. Weimer*. 11., neubearbeitete und vermehrte Auflage. 176 Seiten. 1954. . . . . . . Bd. 145

Therapeutische Psychologie. Freud — Adler — Jung von *W. M. Kranefeldt*. Mit einer Einführung von *C. G. Jung*. 2. Auflage. 152 Seiten. 1950 . . . . Bd. 1034

Soziologie. Geschichte und Hauptprobleme von *L. von Wiese*. 5. Auflage. 162 Seiten. 1954 . . . . Bd. 101

Religionswissenschaften

Jesus von *M. Dibelius †*. 2. Auflage. Unveränderter Nachdruck. 137 Seiten. 1949 . . . . Bd. 1130

Paulus von *M. Dibelius †*. Nach dem Tode des Verfassers herausgegeben und zu Ende geführt von *W. G. Kümmel*. 155 Seiten. 1951 . . . . Bd. 1106

Musik

Musikästhetik von *H. J. Moser.* 180 Seiten. 1953 . . . . . . Bd. 344

Systematische Modulation von *R. Hernried.* 2. Auflage. 136 Seiten. 1950 . . . . Bd. 1094

Der polyphone Satz von *E. Pepping.* 1. Teil: Der cantus-firmus-Satz. 2. Auflage. 223 Seiten. 1950 . . . . Bd. 1148

Harmonielehre von *H. J. Moser.*
I: 112 Seiten. 1954 . . . . Bd. 809
II: In Vorbereitung . . . . Bd. 810

Technik der deutschen Gesangskunst von *H. J. Moser.* Dritte, durchges. u. verbesserte Auflage. 144 Seiten mit 5 Fig. 1954 . . . . Bd. 576/576a

Die Kunst des Dirigierens von *H. W. von Waltershausen.* 2. Auflage. 138 Seiten. 1954 . . . . Bd. 1147

Die Technik des Klavierspiels aus dem Geiste des musikalischen Kunstwerkes von *K. Schubert* †. 3. Auflage. 110 Seiten. 1954 . . . . Bd. 1045

Die Musik des 19. Jahrhunderts von *W. Oehlmann.* 180 Seiten. 1953 . . . . Bd. 170

Allgemeine Musiklehre von *H. J. Moser.*
2., durchges. Auflage. 155 Seiten. 1955. . . . . . . Bd. 220/220a

Kunst

Stilkunde von *H. Weigert.*
I: Vorzeit, Antike, Mittelalter. 2. Auflage. 136 Seiten. Mit 94 Abbildungen. 1954 . . . . Bd. 80
II: Spätmittelalter und Neuzeit. 2. Auflage. 146 Seiten. Mit 84 Abbildungen. 1954 . . . . Bd. 781

Geschichte

Einführung in die Geschichtswissenschaft von *P. Kirn.* 2. Auflage. 121 Seiten. 1952 . . . . Bd. 270

Archäologie von *A. Rumpf.*
I: Einleitung, historischer Überblick. 143 Seiten mit 6 Abbildungen im Text und 12 Tafeln. 1953 . . . . . Bd. 538
II: In Vorbereitung . . . . Bd. 539

Kultur der Urzeit von *F. Behn.* 4. Auflage der „Kultur der Urzeit". Band I–III von *M. Hoernes.*
I: Die vormetallischen Kulturen. (Die Steinzeiten Europas. Gleichartige Kulturen in anderen Erdteilen). 172 Seiten mit 48 Abbildungen. 1950 . . . . Bd. 564
II: Die älteren Metallkulturen. (Der Beginn der Metallbenutzung. Kupfer- und Bronzezeit in Europa, im Orient und in Amerika). 160 Seiten mit 67 Abbildungen. 1950 Bd. 565
III: Die jüngeren Metallkulturen. (Das Eisen als Kulturmetall. Hallstatt-Latène-Kultur in Europa. Das erste Auftreten des Eisens in den anderen Erdteilen). 149 Seiten mit 60 Abbildungen. 1950. . . . . Bd. 566

Vorgeschichte Europas von *F. Behn.* Völlig neue Bearbeitung der 7. Auflage der „Urgeschichte der Menschheit" von *M. Hoernes.* 125 Seiten mit 47 Abbildungen. 1949 . . . Bd. 42

Von den Karolingern zu den Staufern von *J. Haller*. Die altdeutsche Kaiserzeit (900–1250). 3. Auflage. 141 Seiten mit 4 Karten. 1944 . . . . Bd. 1065

Deutsche Geschichte im Zeitalter der Reformation, der Gegenreformation und des 30jährigen Krieges von *F. Hartung*. 129 Seiten. 1951 . . . . Bd. 1105

Quellenkunde der deutschen Geschichte im Mittelalter von *K. Jacob*† (bis zur Mitte des 15. Jahrhunderts).

I: Einleitung, Allgemeiner Teil. Die Zeit der Karolinger. 5. Auflage. 118 Seiten. 1949 . . . . Bd. 279

II: Die Kaiserzeit (911 – 1250). 4. Auflage. 127 Seiten. 1949 . . . . Bd. 280

III: Das Spätmittelalter (vom Interregnum bis 1500). Unter Verwendung der Hinterlassenschaft herausgegeben von *F. Weden*. 152 Seiten. 1952 . . . . Bd. 284

Badische Geschichte von A. Krieger. 137 Seiten. 1921 . . . . Bd. 230

Geschichte Englands von *H. Preller*.

I: bis 1815. 3., stark umgearbeitete Auflage. 135 Seiten mit 7 Stammtafeln und 2 Karten im Text. 1952 . . . . Bd. 375

II: von 1815 bis 1910. 2., völlig umgearb. Auflage. 118 S. mit 1 Stammtafel und 7 Karten im Text. 1954 . . . Bd. 1088

Thüringische Geschichte von *E. Devrient*. 2. Auflage. 136 Seiten. 1921. . . . . Bd. 352

Deutsche Sprache und Literatur

Deutsches Rechtschreibungswörterbuch von *M. Gottschald*. 2., verbesserte Auflage. 269 Seiten. 1953 . . . . Bd. 200/200a

Deutsche Wortkunde von *A. Schirmer*. Eine kulturgeschichtliche Betrachtung des deutschen Wortschatzes. 3., durchgesehene Auflage. 109 Seiten. 1949 . . . . Bd. 929

Deutsche Sprachlehre von *W. Hofstaetter*. 9., neubearbeitete Auflage von *G. Spree*. 144 Seiten. 1953 . . . . Bd. 20

Redetechnik von *H. Biehle*. Einführung in die Rhetorik. 115 Seiten. 1954 . . . . Bd. 61

Sprechen und Sprachpflege von *H. Feist*. (Die Kunst des Sprechens). 2., verbesserte Auflage. 99 Seiten mit 25 Abbildungen. 1952 . . . . Bd. 1122

Deutsches Dichten und Denken von der germanischen bis zur staufischen Zeit von *H. Naumann*. (Deutsche Literaturgeschichte vom 5.–13. Jahrhundert). 2., verbesserte Auflage. 166 Seiten. 1952 . . . . Bd. 1121

Deutsches Dichten und Denken vom Mittelalter zur Neuzeit von *G. Müller* (1270–1700). 2., durchgesehene Auflage. 159 Seiten. 1949 . . . . Bd. 1086

Deutsches Dichten und Denken von der Aufklärung bis zum Realismus von *K. Viëtor* (Deutsche Literaturgeschichte von 1700–1890). 2., durchgesehene Auflage. 156 Seiten. 1949 . . . . Bd. 1096

Der Nibelunge Nôt in Auswahl mit kurzem Wörterbuch von *K. Langosch*. 9., umgearbeitete Auflage. 164 Seiten. 1953 . . . . Bd. 1

Die deutschen Personennamen von *M. Gottschald*. 2., verbesserte Auflage. 151 Seiten. 1955 . . . . Bd. 422

Indogermanisch · Germanisch

Gotisches Elementarbuch von *H. Hempel.* Grammatik, Texte mit Übersetzung und Erläuterungen. 2., umgearbeitete Auflage. 165 Seiten. 1953 . . . . Bd. 79

Indogermanische Sprachwissenschaft von *H. Krahe.* 2. Auflage. 134 Seiten. 1948 . . . . Bd. 59

Germanische Sprachwissenschaft von *H. Krahe.* 2. Auflage.
II: Formenlehre. 140 Seiten. 1948 . . . . Bd. 780

Althochdeutsches Elementarbuch von *H. Naumann* † und *W. Betz.* 2. Auflage. 156 Seiten. 1954 . . . . Bd. 1111

Altnordisches Elementarbuch von *F. Ranke.* Schrifttum, Sprache, Texte mit Übersetzung und Wörterbuch. 2., durchgesehene Auflage. 146 Seiten. 1949 . . . . . Bd. 1115

Englisch · Französisch · Italienisch

Altenglisches Elementarbuch von *M. Lehnert.* Einführung, Grammatik, Texte mit Übersetzung und Wörterbuch. 2., verbesserte und vermehrte Aufl. 176 Seiten. 1950 . Bd. 1125

Beowulf von *M. Lehnert.* Eine Auswahl mit Einführung, teilweiser Übersetzung, Anmerkungen und etymologischem Wörterbuch. 2., verbesserte Auflage. 135 Seiten. 1949 Bd. 1135

Englische Literaturgeschichte.
I: Die alt- und mittelenglische Periode von *F. Schubel.* 163 Seiten. 1954 . . . . Bd. 1114
II: Von der Renaissance bis zur Aufklärung von *Paul Meissner*†. 139 Seiten. 1937 . . . . Bd. 1116
III: Romantik und Viktorianismus von *Paul Meissner*†. 150 Seiten. 1938 . . . . Bd. 1124
IV: Das 20. Jahrhundert von *Paul Meissner*†. 150 Seiten. 1939 . . . . Bd. 1136

Italienische Literaturgeschichte von *K. Vossler.* Unveränderter Nachdruck der 1927 erschienenen 4., durchgesehenen und verbesserten Auflage. 148 Seiten. 1948 . . . . Bd. 125

Shakespeare von *P. Meissner*†. 2. Auflage, neubearbeitet von M. Lehnert. 136 Seiten. 1954 . . . . Bd. 1142

Griechisch · Lateinisch

Griechische Sprachwissenschaft von *W. Brandenstein.*
I: Einleitung, Lautsystem, Etymologie. 160 Seiten. 1954 Bd. 117

Geschichte der griechischen Sprache
I: Bis zum Ausgang der klassischen Zeit. Von *O. Hoffmann*†. 3., umgearbeitete Auflage von *A. Debrunner.* 156 Seiten. 1954 . . . . Bd. 111
II: Grundfragen und Grundzüge d. nachklass. Griechisch. Von *A. Debrunner.* 144 Seiten. 1954 . . . . Bd. 114

Geschichte der griechischen Literatur von *W. Nestle.* 2., verbesserte Auflage.
I: Von den Anfängen bis auf Alexander d. Gr. 148 Seiten. 1950 . . . . Bd. 70
II: Von Alexander d. Gr. bis zum Ausgang der Antike. 128 Seiten. 1948 . . . . Bd. 557

Geschichte der lateinischen Sprache von *F. Sto.z* †. 3., stark umgearbeitete Auflage von *A. Debrunner.* 136 Seiten. 1953 . . . . Bd. 492

Hebräisch · Sanskrit · Russisch

Hebräische Grammatik von *G. Beer*†. 2., völlig neubearbeitete Auflage von *R. Meyer.*
I: Schrift-, Laut- und Formenlehre I. 157 Seiten. 1952. Bd. 763/763a
II: Schrift-, Laut- und Formenlehre II. 1954. In Vorbereitung . . . . Bd. 764/764a

Sanskrit-Grammatik von *M. Mayrhofer.* 89 Seiten. 1953 . . . Bd. 1158

Russische Grammatik von *G. Berneker.* 6., unveränderte Auflage von *M. Vasmer.* 155 Seiten. 1947 . . . . Bd. 66

Erd- und Länderkunde

Afrika von *F. Jaeger.* Ein geographischer Überblick. 2., umgearbeitete Auflage.
I: Der Lebensraum. 179 Seiten mit 18 Abbildungen. 1954 Bd. 910
II: Mensch und Kultur. 155 Seiten mit 6 Abbildungen. 1954 Bd. 911

Australien und Ozeanien von *H. J. Krug.* 176 Seiten mit 46 Skizzen. 1953 . . . . Bd. 319

Kartenkunde von *M. Eckert-Greifendorff*†. 3., durchgesehene Auflage von *W. Kleffner.* 149 Seiten mit 63 Abb. 1950 Bd. 30

Volkswirtschaft · Publizistik

Allgemeine Betriebswirtschaftslehre von *K. Mellerowicz.* 8., unveränderte Auflage.
I: 142 Seiten. 1954 . . . . Bd. 1008
II: 112 Seiten. 1954 . . . . Bd. 1153
III: 143 Seiten. 1954 . . . . Bd. 1154

Zeitungslehre von *E. Dovifat.* 3., neubearbeitete Auflage. 1955. 2 Bände. In Vorbereitung . . . . Bd. 1039/1040

Naturwissenschaften

Mathematik

Geschichte der Mathematik von *J. E. Hofmann.*
I: Von den Anfängen bis zum Auftreten von Fermat und Descartes. 200 Seiten. 1953 . . . . Bd. 226

Mathematische Formelsammlung von *F. Ringleb.* Vollständig umgearbeitete Neuausgabe des Werkes von *O. Th. Bürklen.* 5., verbesserte Auflage. 274 Seiten mit 57 Figuren. 1949 . . . . Bd. 51

Fünfstellige Logarithmen von *A. Adler.* Mit mehreren graphischen Rechentafeln und häufig vorkommenden Zahlwerten. 2. Auflage. Neudruck. 127 Seiten mit 1 Tafel. 1949 . . . . Bd. 423

Höhere Algebra von *H. Hasse.* 3., verbesserte Auflage.
I: Lineare Gleichungen. 152 Seiten. 1951 . . . . Bd. 931
II: Gleichungen höheren Grades. 158 Seiten mit 5 Figuren. 1951 . . . . Bd. 932

Aufgabensammlung zur höheren Algebra von *H. Hasse* und *W. Klobe.* 2., verbesserte und vermehrte Auflage. 181 Seiten. 1952 . . . . Bd. 1082

Elementare und klassische Algebra vom modernen Standpunkt von *W. Krull.* 2., erweiterte Auflage.
I: 136 Seiten. 1952 . . . . Bd. 930

Einführung in die Zahlentheorie von *A. Scholz*†. Überarbeitet von *B. Schoeneberg.* 1955. In Vorbereitung . . . . . . Bd. 1131

Gruppentheorie von *L. Baumgartner.* 2. Auflage. 115 Seiten mit 6 Figuren. 1949 . . . . Bd. 837

Funktionentheorie von *K. Knopp.* 7. Auflage.
I: Grundlagen der allgemeinen Theorie der analytischen Funktionen. 139 Seiten. Nachdruck 1954 . . . . Bd. 668
II: Anwendungen und Weiterführung der allgemeinen Theorie. 130 Seiten. Nachdruck 1954 . . . . Bd. 703

Aufgabensammlung zur Funktionentheorie von *K. Knopp.* 4. Auflage.
I: Aufgaben zur elementaren Funktionentheorie. 135 Seiten. 1949 . . . . Bd. 877
II: Aufgaben zur höheren Funktionentheorie. 151 Seiten. 1949 . . . . Bd. 878

Elemente der Funktionentheorie von *K. Knopp.* 3. Auflage. 144 Seiten. Nachdruck 1954 . . . . Bd. 1109

Differentialrechnung von *A. Witting*†. 3., neubearbeitete Auflage. Durchgesehener Neudruck. 201 Seiten mit 95 Figuren und 200 Beispielen. 1949 . . . . Bd. 87

Repetitorium und Aufgabensammlung zur Differentialrechnung von *A. Witting*†. 2., neubearbeitete Auflage. Durchgesehener Neudruck. 145 Seiten. 1949 . . . . Bd. 146

Integralrechnung von *A. Witting*†. 2., verbesserte Auflage. Durchgesehener Neudruck. 176 Seiten mit 62 Figuren und 190 Beispielen . . . . Bd. 88

Repetitorium und Aufgabensammlung zur Integralrechnung von *A. Witting*†. 2., neubearbeitete Auflage. Durchgesehener Neudruck. 121 Seiten mit 32 Figuren und 309 Beispielen. 1949. . . . . Bd. 147

Gewöhnliche Differentialgleichungen von *G. Hoheisel*. 4., neubearbeitete Auflage. 129 Seiten. 1951 . . . . Bd. 920

Partielle Differentialgleichungen von *G. Hoheisel*. 3., neubearbeitete Auflage. Etwa 130 Seiten. 1954 . . . . . Bd. 1003

Aufgabensammlung zu den gewöhnlichen und partiellen Differentialgleichungen von *G. Hoheisel*. 2., umgearbeitete Auflage. 124 Seiten. 1952 . . . . Bd. 1059

Darstellende Geometrie von *W. Haack*.

I: Die wichtigsten Darstellungsmethoden. Grund- und Aufriß ebenmäßiger Körper. 106 Seiten mit 117 Abbildungen. 1954 . . . . Bd. 142

II: Körper mit krummen Begrenzungsflächen. Kotierte Projektionen. 129 Seiten mit 86 Abbildungen. 1954 . . Bd. 143

Sammlung von Aufgaben und Beispielen zur analytischen Geometrie der Ebene von *R. Haussner*. Mit den vollständigen Lösungen. 139 Seiten mit 22 Figuren im Text. Neudruck. 1949 . . . . Bd. 256

Nichteuklidische Geometrie von *R. Baldus*†. Hyperbolische Geometrie der Ebene. 3., verbesserte Auflage, durchgesehen und herausgegeben von *F. Löbell*. 140 Seiten mit 70 Figuren im Text. 1954 . . . . Bd. 970

Differentialgeometrie von *K. Strubecker* (früher Rothe). 2 Bände. In Vorbereitung . . . . Bd. 1113

Einführung in die konforme Abbildung von *L. Bieberbach*. 4. Auflage. 147 Seiten mit 42 Zeichnungen. 1949 . . . Bd. 768

Vektoranalysis von *S. Valentiner*. Neudruck der 7. Auflage (1950). 138 Seiten mit 19 Figuren. 1954 . . . . Bd. 354

Vermessungskunde von *P. Werkmeister*.

I: Stückmessung und Nivellieren. 9. Auflage. 165 Seiten mit 145 Figuren. 1949 . . . . Bd. 468

II: Messung von Horizontalwinkeln. Festlegung von Punkten im Koordinatensystem. Absteckungen. 7. Auflage. 151 Seiten mit 93 Figuren. 1949 . . . . Bd. 469

III: Trigonometrische und barometrische Höhenmessung. Tachymetrie und Topographie. 6. Auflage. 147 Seiten mit 64 Figuren. 1949 . . . . Bd. 862

Versicherungsmathematik von *F. Böhm*.

I: Elemente der Versicherungsrechnung. 3., vermehrte und verbesserte Auflage. Durchgesehener Neudruck. 151 Seiten. 1954. . . . . Bd. 180

II: Lebensversicherungsmathematik. Einführung in die technischen Grundlagen der Sozialversicherung. 2., verbesserte Auflage. 205 Seiten. 1953 . . . . Bd. 917/917a

Physik

Einführung in die theoretische Physik von *W. Döring*
I: Mechanik. 119 Seiten mit 29 Abbildungen. 1954 . . . Bd. 76
II: Theorie des elektromagnetischen Feldes. In Vorbereitg. Bd. 77
Atomphysik von *K. Bechert* und *Ch. Gerthsen*. 3., umgearb. Auflage.
I und II: 1955. In Vorbereitung . . . . Bd. 1009/1033
III: Theorie des Atombaus. 1. Teil von *K. Bechert*. 148 Seit. mit 16 Abbildungen. 1954 . . . . Bd. 1123/1123a
IV: Theorie des Atombaus. 2. Teil von *K. Bechert*. 170 Seiten mit 14 Abbildungen .1954 . . . . Bd. 1165/1165a
Differentialgleichungen der Physik von *F. Sauter*. 2. Auflage. 148 Seiten mit 16 Figuren. 1950 . . . . Bd. 1070
Physikalische Formelsammlung von *G. Mahler* und *K. Mahler*. 8., verbesserte Auflage. 153 Seiten mit 69 Figuren. 1950 Bd. 136
Physikalische Aufgabensammlung von *G. Mahler* und *K. Mahler*. Mit den Ergebnissen. 8. Auflage. 1955. In Vorbereitung . . . . Bd. 243

Chemie

Geschichte der Chemie von *G. Lockemann*. In kurzgefaßter Darstellung
I: Vom Altertum bis zur Entdeckung des Sauerstoffs. 142 Seiten mit 8 Bildnissen. 1950 . . . . Bd. 264
II: Von der Entdeckung des Sauerstoffs bis zur Gegenwart. In Vorbereitung . . . . Bd. 265
Anorganische Chemie von *W. Klemm*. 8. Auflage. 184 Seiten mit 18 Abbildungen. 1954 . . . . Bd. 37
Organische Chemie von *W. Schlenk*. 6., erweiterte Auflage. 263 Seiten. 1954 . . . . Bd. 38/38a
Allgemeine und physikalische Chemie von *W. Schulze*.
I: 1955. In Vorbereitung . . . . Bd. 71
II: 3., durchgesehene Auflage. 160 Seiten mit 36 Fig. 1949. Bd. 698
III: Molekülbau. 1955. In Vorbereitung . . . . Bd. 786
Analytische Chemie von *J. Hoppe*. 5., verbesserte Auflage.
I: Reaktionen. 135 Seiten. 1950 . . . . Bd. 247
II: Gang der qualitativen Analyse. 166 Seiten. 1950 . . . Bd. 248
Maßanalyse von *G. Jander* und *K. F. Jahr*. Theorie und Praxis der klassischen und der elektrochemischen Titrierverfahren. 6. Auflage.
I: 140 Seiten mit 18 Figuren. 1952 . . . . Bd. 221
II: 139 Seiten mit 24 Figuren. 1952 . . . . Bd. 1002
Thermochemie von *W. A. Roth*. 2., verbesserte Auflage. 109 Seiten mit 16 Figuren. 1952 . . . . Bd. 1057
Physikalisch-chemische Rechenaufgaben von *E. Asmus*. 2. Auflage. 96 Seiten. 1949 . . . . Bd. 445
Stöchiometrische Aufgabensammlung von *W. Bahrdt* und *R. Scheer*. Mit den Ergebnissen. 5., verbesserte Auflage. 120 Seiten. 1952 . . . . Bd. 452
Elektrochemie und ihre physikalisch-chemischen Grundlagen von *A. Dassler*.
I: 149 Seiten mit 21 Abbildungen. 1950 . . . . Bd. 252
II: 178 Seiten mit 17 Abbildungen. 1950 . . . . Bd. 253

Technologie

Warenkunde von *K. Hassak*† und *E. Beutel*†. 7. Auflage. Neubearbeitet von *A. Kutzelnigg*.
I: Anorganische Waren sowie Kohle und Erdöl. 116 Seiten mit 19 Figuren. 1947 . . . . Bd. 222
II: Organische Waren. 143 Seiten mit 32 Figuren. 1949 . . Bd. 222

Die Fette und Öle von *K. Braun*†. 5., völlig neubearbeitete und verbesserte Auflage von *Th. Klug*. 145 Seiten. 1950 . . Bd. 335

Die Seifenfabrikation von *K. Braun*†. 3., neubearbeitete und verbesserte Auflage von *Th. Klug*. 116 Seiten mit 18 Abbildungen. 1953 . . . . Bd. 336

Textilindustrie von *A. Blümcke*.
I: Spinnerei und Zwirnerei. 112 Seiten mit 43 Abbildungen. 1954 . . . . Bd. 184

Biologie

Hormone von *G. Koller*. 2., neubearbeitete und erweiterte Auflage. 187 Seiten mit 60 Abbildungen und 19 Tabellen. 1949 . . . . Bd. 1141

Fortpflanzung im Tier- und Pflanzenreich von *J. Hämmerling*. 2., ergänzte Auflage. 135 Seiten mit 101 Abbildungen. 1951 . . . . Bd. 1138

Geschlecht und Geschlechtsbestimmung im Tier- und Pflanzenreich von *M. Hartmann*. 2., verbesserte Auflage. 116 Seiten mit 61 Abbildungen und 7 Tabellen. 1951 . Bd. 1127

Grundriß der allgemeinen Mikrobiologie von *W. Schwartz*
I: 104 Seiten mit 17 Abbildungen. 1949 . . . . Bd. 1155
II: 93 Seiten mit 12 Abbildungen. 1949 . . . . Bd. 1157

Symbiose der Tiere mit pflanzlichen Mikroorganismen von *P. Buchner*. 2., verbesserte und vermehrte Auflage. 130 Seiten mit 121 Abbildungen. 1949 . . . . Bd. 1128

Botanik

Entwicklungsgeschichte des Pflanzenreiches von *H. Heil*. 2. Auflage. 138 Seiten mit 94 Abbildungen und 1 Tabelle. 1950 Bd. 1137

Morphologie der Pflanzen von *L. Geitler*. 3. Auflage. 126 Seiten mit 114 Abbildungen. 1954 . . . . Bd. 141

Pflanzenzüchtung von *H. Kuckuck*. 3., völlig umgearbeitete Auflage.
I: Grundzüge der Pflanzenzüchtung. 132 Seiten mit 22 Abbildungen. 1952 . . . . Bd. 1134

Die Laubhölzer von *F. W. Neger*† und *E. Münch*†. Kurzgefaßte Beschreibung der in Mitteleuropa gedeihenden Laubbäume und Sträucher. 3., durchgesehene Auflage, herausgegeben von *B. Huber*. 143 Seiten mit 63 Figuren und 7 Tabellen. 1950 . . . . Bd. 718

Die Nadelhölzer (Koniferen) und übrigen Gymnospermen von *F. W. Neger*† und *E. Münch*†. 4. Auflage. Durchgesehen und ergänzt von *B. Huber*. 140 Seiten mit 75 Figuren, 4 Tabellen und 3 Karten. 1952 . . . . Bd. 355

Zoologie

Entwicklungsphysiologie der Tiere von *F. Seidel.*
I: Ei und Furchung. 126 Seiten mit 29 Abbildungen. 1953 . . . . Bd. 1162
II: Körpergrundgestalt und Organbildung. 159 Seiten mit 42 Abbildungen. 1953 . . . . Bd. 1163

Das Tierreich.
Fische von *D. Lüdemann.* In Vorbereitung . . . . . . Bd. 356
Insekten von *H. von Lengerken.* 128 Seiten mit 58 Abbildungen. 1953 . . . . Bd. 594
Lurche von *K. Herter.* 140 Seiten mit 129 Abbild. 1955 Bd. 847
Spinnentiere von *A. Kaestner.* 96 S. mit 55 Abb. 1955. Bd. 1161
Würmer von *S. Jaeckel.* 112 Seiten mit 36 Abbild. 1954 Bd. 439
Weichtiere von *S. Jaeckel.* 92 Seiten mit 34 Abbildungen. 1955 . . . . Bd. 440

Vergleichende Physiologie der Tiere von *K. Herter.* 3. Auflage der „Tierphysiologie".
I: Stoff- und Energiewechsel. 155 Seiten mit 64 Abbild. 1950 . . . . Bd. 972
II: Bewegung und Reizerscheinungen. 148 Seiten mit 110 Abbildungen. 1950 . . . . Bd. 973

Land- und Forstwirtschaft

Landwirtschaftliche Tierzucht von *H. Vogel.* Die Züchtung und Haltung der landwirtschaftlichen Nutztiere. 139 Seiten mit 11 Abbildungen. 1952 . . . . Bd. 228

Kulturtechnische Bodenverbesserungen von *O. Fauser.* 4., neubearbeitete Auflage.
I: Allgemeines, Entwässerung. 122 Seiten mit 47 Abbildungen. 1947 . . . . Bd. 691
II: Bewässerung, Ödlandkultur, Umlegung. 150 Seiten mit 67 Abbildungen. 1949 . . . . Bd. 692

Agrikulturchemie von *K. Scharrer.*
I: Pflanzenernährung. 143 Seiten. 1953 . . . . Bd. 329

Geologie · Mineralogie · Kristallographie

Kristallographie von *W. Bruhns*† und *P. Ramdohr.* 4. Auflage. 106 Seiten mit 163 Abbildungen. 1954 . . . . Bd. 210

Einführung in die Kristalloptik von *E. Buchwald.* 4., verbess. Auflage. 138 Seiten mit 121 Figuren. 1952 . . . . . . Bd. 619

Lötrohrprobierkunde von *M. Henglein.* Mineraldiagnose mit Lötrohr- und Tüpfelreaktion. 3., verbesserte Auflage. 91 Seiten mit 11 Figuren. 1949 . . . . Bd. 483

Mineral- und Erzlagerstättenkunde von *H. Huttenlocher.*
I: 128 Seiten mit 34 Abbildungen. 1954 . . . . Bd. 1014
II: 156 Seiten mit 48 Abbildungen. 1954 . . . . . Bd. 1015/1015a

Mineralogie von *R. Brauns*† und *K. F. Chudoba.* 9. Auflage.
I: Allgemeine Mineralogie. 1955. In Vorbereitung . . . Bd. 29
II: Spezielle Mineralogie. 1955. In Vorbereitung . . . . Bd. 31

Petrographie. Von *W. Bruhns*† und *P. Ramdohr.* 4., durchgesehene Auflage. Mit 10 Abbildungen. 1955. In Vorbereitung . . . . Bd. 173

Geologie von *F. Lotze.* 1955. In Vorbereitung . . . . Bd. 13

Technik

Elektrotechnik

Die Gleichstrommaschine von *K. Humburg*. Durchgesehener Neudruck.
I: 102 Seiten mit 59 Abbildungen. 1949 . . . . Bd. 257
II: 98 Seiten mit 38 Abbildungen. 1949 . . . . Bd. 881

Die synchrone Maschine von *K. Humburg*. Neudruck. 109 Seiten mit 78 Bildern. 1951 . . . . Bd. 1146

Induktionsmaschinen von *F. Unger*. 2., erweiterte Auflage. 142 Seiten mit 49 Abbildungen. 1954 . . . . Bd. 1140

Transformatoren von *W. Schäfer*. 2. Auflage. 128 Seiten mit 74 Abbildungen. 1949 . . . . Bd. 952

Die komplexe Berechnung von Wechselstromschaltungen von *H. H. Meinke*. 160 Seiten mit 114 Abbildungen. 1949 . Bd. 1156

Theoretische Grundlagen zur Berechnung der Schaltgeräte von *F. Kesselring*. 3. Auflage. 144 Seiten mit 92 Abbildungen. 1950 . . . . Bd. 711

Elektromotorische Antriebe (Grundlagen für die Berechnung) von *A. Schwaiger*. 3., neubearbeitete Auflage. 96 Seiten mit 34 Abbildungen. 1952 . . . . Bd. 827

Technische Tabellen und Formeln von *W. Müller*. 4., verbesserte und erweiterte Auflage von *E. Schulze*. 152 Seiten mit 105 Figuren. 1951 . . . . Bd. 579

Überspannungen und Überspannungsschutz von *G. Frühauf*. Durchgesehener Neudruck. 122 Seiten mit 98 Abbildungen. 1950 . . . . Bd. 1132

Maschinenbau

Werkzeugmaschinen von *K. P. Matthes*.
I: 110 Seiten mit 27 Abbildungen, 11 Zahlentafeln im Text und 1 Tafelanhang. 1954 . . . . Bd. 561
II: 1955. In Vorbereitung . . . . Bd. 562

Die Maschinenelemente von *E. A. vom Ende*. 2., verbesserte Auflage. 159 Seiten mit 173 Figuren und 12 Tafeln. 1950 Bd. 3

Das Maschinenzeichnen mit Einführung in das Konstruieren von *W. Tochtermann*. 4. Auflage.
I: Das Maschinenzeichnen. 156 Seiten mit 77 Tafeln. 1950 Bd. 589
II: Ausgeführte Konstruktionsbeispiele. 130 Seiten mit 58 Tafeln. 1950 . . . . Bd. 590

Getriebelehre von *P. Grodzinski*. 2., neubearbeitete Auflage.
I: Geometrische Grundlagen. 159 Seiten mit 142 Figuren. 1953 . . . . Bd. 1061

Gießereitechnik von *H. Jungbluth*.
I: Eisengießerei. 126 Seiten mit 44 Abbildungen. 1951 . . Bd. 1159

Die Dampfkessel und Feuerungen einschließlich Hilfseinrichtungen in Theorie, Konstruktion und Berechnung von *W. Marcard*†. 2. Auflage. Neubearbeitet von *K. Beck*.
I: Die theoretischen Grundlagen. Wärme, Verbrennung, Wärmeübertragung. 150 Seiten mit 42 Abbildungen und 16 Tabellen. 1951 . . . . Bd. 9
II: Dampfkessel. 147 Seiten mit 43 Abbildungen. 1952 . . Bd. 521

Technische Thermodynamik von *W. Nusselt*.
I: Grundlagen. 3., verbesserte Auflage. 144 Seiten mit 71 Abbildungen. 1950 . . . . Bd. 1084
II: Theorie der Wärmekraftmaschinen. Neudruck. 144 Seiten mit 87 Abbildungen und 32 Zahlentafeln. 1951. . Bd. 1151

Autogenes Schweißen und Schneiden von *H. Niese*. 5. Auflage. Neubearbeitet von *A. Küchler*. 136 Seiten mit 71 Figuren. 1954 . . . . Bd. 499

Elektrische Schweißverfahren von *H. Niese*. Herausgegeben von *H. Dienst*. In Vorbereitung . . . . Bd. 1020

Metallkunde. Einführendes über Aufbau, Eigenschaften und Untersuchung von Metallen und Legierungen sowie über Grundlagen des Schmelzens, des Gießens, des Verformens, der Wärmebehandlung, der Oberflächenbehandlung, der Verbinde- und Trennarbeiten von *H. Borchers*. 2. Auflage.
I: Aufbau der Metalle und Legierungen. 110 Seiten mit 2 Tabellen und 90 Abbildungen. 1950 . . . . Bd. 432
II: Eigenschaften. Grundzüge der Form- und Zustandsgebung. 154 Seiten mit 8 Tabellen und 100 Abbildungen. 1952 . . . . Bd. 433

Dynamik von *W. Müller*. 2., verbesserte Auflage.
I: Dynamik des Einzelkörpers. 128 Seiten mit 48 Figuren. 1952 . . . . Bd. 902
II: Systeme von starren Körpern. 102 Seiten mit 41 Figuren. 1952 . . . . Bd. 903

Technische Schwingungslehre von *L. Zipperer*.
I: Allgemeine Schwingungsgleichungen, einfache Schwinger. 2., neubearbeitete Auflage. 120 Seiten mit 101 Abbildungen. 1953 . . . . Bd. 953
II: In Vorbereitung . . . . Bd. 961

Hebezeuge von *G. Tafel*.
I: 2., verbesserte Auflage. 276 Seiten mit 230 Figuren. 1954 . . . . Bd. 414/414a

Wasserbau

Wasserkraftanlagen von *A. Ludin*. 2 Bände. 1955. In Vorbereitung . . . . Bd. 665/666

Verkehrswasserbau von *H. Dehnert*.
I: Entwurfsgrundlagen, Flußregelungen. 103 Seiten mit 52 Textabbildungen. 1950 . . . . Bd. 585
II: Flußkanalisierungen und Schiffahrtskanäle. 94 Seiten mit 60 Textabbildungen. 1950 . . . . Bd. 597
III: Schleusen und Hebewerke. 98 Seiten mit 70 Textabbildungen. 1950 . . . . Bd. 1152

Talsperren von *F. Tölke.* 122 Seiten mit 70 Abbildungen. 1953 Bd. 1044

Wehr- und Stauanlagen von *H. Dehnert.* 134 Seiten mit 90 Abbildungen. 1952 . . . . Bd. 965

Hoch- und Tiefbau

Die wichtigsten Baustoffe des Hoch- und Tiefbaus von *O. Graf.* 4., verbesserte Auflage. 131 Seiten mit 63 Abbildungen. 1953 . . . . Bd. 984

Baustoffverarbeitung und Baustellenprüfung des Betons von *A. Kleinlogel.* 2., neubearbeitete und erweiterte Auflage. 126 Seiten mit 35 Abbildungen. 1951 . . . . . . Bd. 978

Festigkeitslehre von *W. Gehler†* und *W. Herberg.*

I: Elastizität, Plastizität und Festigkeit der Baustoffe und Bauteile. Durchgesehener und erweiterter Neudruck. 159 Seiten mit 18 Bildern. 1952 . . . . Bd. 1144

II: Formänderung, Platten, Stabilität und Bruchhypothesen. Bearb. von W. Herberg und N. Dimitrov. Mit 94 Bildern. In Vorbereitung . . . . Bd. 1145

Grundlagen des Stahlbetonbaus von *A. Troche.* 2., neubearbeitete und erweiterte Auflage. 208 Seiten mit 75 Abbildungen, 17 Bemessungstafeln und 20 Rechenbeispielen. 1953 . . . . Bd. 1078

Fenster, Türen, Tore aus Holz und Eisen. Eine Einleitung zu ihrer guten Gestaltung, wirtschaftlichen Bemessung und handwerksgerechten Konstruktion von *W. Wickop.* 4. Auflage. 1955. In Vorbereitung . . . . Bd. 1092

Heizung und Lüftung von *J. Körting†* und *W. Körting.* 8., neubearbeitete Auflage.

I: Das Wesen und die Berechnung der Heizungs- und Lüftungsanlagen. 140 Seiten mit 29 Abbildungen und 18 Zahlentafeln. 1951 . . . . Bd. 342

II: Die Ausführung der Heizungs- und Lüftungsanlagen. 152 Seiten mit 165 Abbildungen und 7 Zahlentafeln. 1954 . . . . Bd. 343

SAMMLUNG GÖSCHEN / BANDNUMMERNFOLGE

1 Langosch, Der Nibelunge Nôt
3 vom Ende, Maschinenelemente
9 Marcard-Beck, Dampfkessel I
13 Lotze, Geologie
20 Hofstaetter-Spree, Dt. Sprachlehre
29 Brauns-Chudoba, Allg. Mineralogie
30 Eckert-Greifendorff-Kleffner, Kartenkunde
31 Brauns-Chudoba, Spez. Mineralogie
37 Klemm, Anorganische Chemie
38/38a Schlenk, Organ. Chemie
42 Behn, Vorgeschichte Europas
51 Bürklen-Ringleb, Mathematische Formelsammlung
59 Krahe, Indogerm. Sprachwiss.
61 Biehle, Redetechnik
66 Berneker-Vasmer, Russische Grammatik
70 Nestle, Griech. Literaturgesch. I
71 Schulze, Allgem. und physikalische Chemie I
76 Döring, Einführ. i. d. theoret. Physik I
77 Döring, Einführ. i. d. theoret. Physik II
79 Hempel, Gotisches Elementarbuch
80 Weigert, Stilkunde I
87 Witting, Differentialrechnung
88 Witting, Integralrechnung
101 v. Wiese, Soziologie
111 Hoffmann-Debrunner, Geschichte der griech. Sprache I
114 Hoffmann-Debrunner, Geschichte der griech. Sprache II
117 Brandenstein, Griechische Sprachwissenschaft
125 Vossler, Italienische Literaturgeschichte
136 Mahler, Physikalische Formelsammlung
141 Geitler, Morphologie der Pflanzen
142 Haack, Darst. Geometrie I
143 Haack, Darst. Geometrie II
145 Weimer, Geschichte der Pädagogik
146 Witting, Repetitorium und Aufgabensammlung zur Differentialrechnung
147 Witting, Repetitorium und Aufgabensammlung zur Integralrechnung
170 Oehlmann, Musik des 19. Jahrhunderts
173 Bruhns-Ramdohr, Petrographie
180 Böhm, Versicherungsmathematik I
184 Blümcke, Textilindustrie I
200/200a Gottschald, Dt. Rechtschreibungswörterbuch
210 Bruhns-Ramdohr, Kristallographie
220/220a Moser, Allgemeine Musiklehre
221 Jander-Jahr, Maßanalyse I
222 Hassak-Beutel, Warenkunde I
223 Hassak-Beutel, Warenkunde II
226 Hofmann, Geschichte der Mathematik I
228 Vogel, Landw. Tierzucht
230 Krieger, Bad. Geschichte
243 Mahler, Physikal. Aufgabensammlung
247 Hoppe, Analytische Chemie I
248 Hoppe, Analytische Chemie II
252 Dassler, Elektrochemie I
253 Dassler, Elektrochemie II
256 Haussner, Aufgabensammlung zur analytischen Geometrie der Ebene
257 Humburg, Die Gleichstrommaschine I
264 Lockemann, Geschichte der Chemie I
265 Lockemann, Geschichte der Chemie II
270 Kirn, Einführung in die Geschichtswissenschaft
279 Jacob, Quellenkunde der deutschen Geschichte I
280 Jacob, Quellenkunde der deutschen Geschichte II
281 Leisegang, Einführung in die Philosophie
284 Jacob-Weden, Quellenkunde der deutschen Geschichte III

319 Krug, Australien und Ozeanien
329 Scharrer, Agrikulturchemie I
335 Braun-Klug, Fette und Öle
336 Braun-Klug, Seifenfabrikation
342 Körting, Heizung und Lüftung I
343 Körting, Heizung und Lüftung II
344 Moser, Musikästhetik
352 Devrient. Thüring. Geschichte
354 Valentiner, Vektoranalysis
355 Neger-Münch, Nadelhölzer
356 Lüdemann, Fische
375 Preller, Geschichte Englands I
394/394a Schilling, Von der Renaissance bis Kant
414/414a Tafel, Hebezeuge I
422 Gottschald, Dt. Personennamen
423 Adler, Fünfstell. Logarithmen
432 Borchers, Metallkunde I
433 Borchers, Metallkunde II
439 Jaeckel, Würmer
440 Jaeckel, Weichtiere
445 Asmus, Physikal.-chemische Rechenaufgaben
452 Bahrdt-Scheer, Stöchiometrische Aufgabensammlung
468 Werkmeister, Vermessungskunde I
469 Werkmeister, Vermessungskunde II
483 Henglein, Lötrohrprobierkunde
492 Stolz-Debrunner, Geschichte der lateinischen Sprache
499 Niese, Autogen. Schweißen
500 Simmel, Hauptprobleme der Philosophie
521 Marcard-Beck, Dampfkessel und Feuerungen II
536 Lehmann, Kant
538 Rumpf, Archäologie I
539 Rumpf, Archäologie II
557 Nestle, Griechische Literaturgeschichte II
561 Matthes, Werkzeugmaschinen I
562 Matthes, Werkzeugmasch. II
564 Behn, Kultur der Urzeit I
565 Behn, Kultur der Urzeit II
566 Behn, Kultur der Urzeit III
571 Lehmann, Philosophie des 19. Jahrhunderts I
576/576a Moser, Gesangskunst
579 Müller-Schulze, Techn. Tabellen
585 Dehnert, Verkehrswasserbau I
589 Tochtermann, Maschinenzeichnen I
590 Tochtermann, Maschinenzeichnen II
594 Lengerken, Insekten
597 Dehnert, Verkehrswasserbau II
619 Buchwald, Kristalloptik
665 Ludin, Wasserkraftanlagen I
666 Ludin, Wasserkraftanlagen II
668 Knopp, Funktionentheorie I
691 Fauser, Kulturtechn. Bodenverbesserungen I
692 Fauser, Kulturtechn. Bodenverbesserungen II
698 Schulze, Allgemeine und physikalische Chemie II
703 Knopp, Funktionentheorie II
709 Lehmann, Philosophie des 19. Jahrhunderts II
711 Kesselring, Berechnung der Schaltgeräte
718 Neger-Münch, Laubhölzer
763/763a Beer-Meyer, Hebräische Grammatik I
764/764a Beer-Meyer, Hebräische Grammatik II
768 Bieberbach, Einführung in die konforme Abbildung
780 Krahe, Germ. Sprachwiss. II
781 Weigert, Stilkunde II
768 Schulze, Molekülbau
807 Kropp, Erkenntnistheorie I
809 Moser, Harmonielehre I
810 Moser, Harmonielehre II
826 Koch, Philosophie des Mittelalters
827 Schwaiger, Elektromotorische Antriebe
837 Baumgartner, Gruppentheorie
845 Lehmann, Philosophie im ersten Drittel des 20. Jahrhunderts
847 Herter, Lurche
857 Capelle, Griech. Philosophie I
858 Capelle, Griech. Philosoph. II
859 Capelle, Griech. Philosoph. III
862 Werkmeister, Vermessungskunde III
863 Capelle, Griech. Philosoph. IV
877 Knopp, Aufgabensammlung zur Funktionentheorie I

878 Knopp, Aufgabensammlung zur Funktionentheorie II
881 Humburg, Gleichstrommaschine II
902 Müller, Dynamik I
903 Müller, Dynamik II
910 Jaeger, Afrika I
911 Jaeger, Afrika II
917/917a Böhm, Versicherungsmathematik II
920 Hoheisel, Gewöhnliche Differentialgleichungen
929 Schirmer, Dt. Wortkunde
930 Krull, Elementare und klassische Algebra I
931 Hasse, Höhere Algebra I
932 Hasse, Höhere Algebra II
952 Schäfer, Transformatoren
953 Zipperer, Techn. Schwingungslehre I
961 Zipperer, Techn. Schwingungslehre II
965 Dehnert, Wehr- u. Stauanlagen
970 Baldus-Löbell, Nichteuklid. Geometrie
972 Herter, Tierphysiologie I
973 Herter, Tierphysiologie II
978 Kleinlogel, Baustoffverarbeitung und Baustellenprüfung des Betons
984 Graf, Die wichtigsten Baustoffe des Hoch- und Tiefbaues
1000 Jaspers, Geistige Situation
1002 Jander-Jahr, Maßanalyse II
1003 Hoheisel, Partielle Differentialgleichungen
1008 Mellerowicz, Allgemeine Betriebswirtschaftslehre I
1009 Bechert-Gerthsen, Atomphysik I
1014 Huttenlocher, Mineral- und Erzlagerstättenkunde I
1015/1015a Huttenlocher, Mineral- und Erzlagerstättenkunde II
1021 Niese-Dienst, Elektr. Schweißverfahren
1031 Apel, Philosophisches Wörterbuch
1033 Bechert-Gerthsen, Atomphysik II
1034 Kranefeldt, Therapeutische Psychologie
1039 Dovifat, Zeitungslehre I
1040 Dovifat, Zeitungslehre II
1044 Tölke, Talsperren
1045 Schubert, Technik des Klavierspiels
1057 Roth, Thermochemie
1059 Hoheisel, Aufgabensammlung zu den gewöhnl. und partiellen Differentialgleichungen
1061 Grodzinski, Getriebelehre I
1065 Haller, Von den Karolingern zu den Staufern
1070 Sauter, Differentialgleichungen der Physik
1078 Troche, Stahlbetonbau
1082 Hasse-Klobe, Aufgabensammlung zur Höheren Algebra
1084 Nusselt, Technische Thermodynamik I
1086 Müller, Dt. Dichten u. Denken
1088 Preller, Geschichte Englands II
1092 Wickop, Fenster, Türen, Tore,
1094 Hernried, System. Modulation
1096 Viëtor, Dt. Dichten u. Denken
1105 Hartung, Dt. Geschichte im Zeitalter der Reformation
1109 Knopp, Elemente der Funktionentheorie
1111 Naumann-Betz, Althochdeutsches Elementarbuch
1113 Strubecker, Differentialgeometrie I
1114 Schubel, Englische Literaturgeschichte I
1115 Ranke, Altnord. Elementarbuch
1116 Meissner, Englische Literaturgeschichte II
1121 Naumann, Dt. Dichten und Denken
1122 Feist, Sprechen und Sprachpflege
1123/1123a Bechert-Gerthsen, Atomphysik III
1124 Meissner, Englische Literaturgeschichte III
1125 Lehnert, Altengl. Elementarbuch
1127 Hartmann, Geschlecht und Geschlechtsbestimmung im Tier- und Pflanzenreich

FSC
www.fsc.org
MIX
Papier | Fördert
gute Waldnutzung
FSC® C083411

Kolibri 360 GmbH
Ferdinand-Jühlke-Straße 7
99095 Erfurt, Deutschland
produktsicherheit@kolibri360.de